KB001903

초심육아

초심육아

1판 1쇄 인쇄 2023. 3. 22.
1판 1쇄 발행 2023. 4. 3.

지은이 이현수

발행인 고세규
편집 이혜민 디자인 조명이 마케팅 고은미 홍보 이한솔
발행처 김영사
등록 1979년 5월 17일 (제406-2003-036호)
주소 경기도 파주시 문발로 197(문발동) 우편번호 10881
전화 마케팅부 031)955-3100, 편집부 031)955-3200 | 팩스 031)955-3111

값은 뒤표지에 있습니다.
ISBN 978-89-349-5120-9 13590

홈페이지 www.gimmyoung.com 블로그 blog.naver.com/gybook
인스타그램 instagram.com/gimmyoung 이메일 bestbook@gimmyoung.com

좋은 독자가 좋은 책을 만듭니다.
김영사는 독자 여러분의 의견에 항상 귀 기울이고 있습니다.

아이를 있는 그대로 사랑하는 초심육아

이현수 지음

김영사

차례

2부
육아의 길에서 헤매지 않는 작심육아

1. 초심을 유지하기 위한 작심

2. 작심 로드맵

들어가는 말

부모가 가져야 할 세 가지 마음
초심, 작심, 회심

아이에게 어떤 문제가 생겼음을 알게 된 부모의 마음은 천근만근이라는 표현만으로는 부족할 것입니다. 놀람, 슬픔, 무기력, 우울, 분노 그리고 좌절까지 수많은 부정적인 감정이 불쑥불쑥 튀어나와 혼란스럽고 기운이 빠질 수밖에 없지만, 부모이기에 이윽고 힘을 내서 이 상황을 해결해보고자 합니다. 병원이나 상담실에 가는 것은 그 첫걸음이겠지요.

그로부터 빠르면 몇 개월, 길면 몇 년이 지나 어떤 아이는 예전의 모습을 회복하는 반면 어떤 아이는 변화가 없거나 심지어 더 나빠집니다. 회복에 이른 아이들에게는 어떤 공통점이 있을까요? 원래의 문제나 증상이 다행히 심각하지 않았다, 기본적인 회복 탄력성을 갖고 있었다, 좋은 치료진을 만났다 등 다양한 요인이 있겠지만 제가 가장 강력한 **공통점으로** 뽑는 것은 '부모의 초심'입니다.

부모의 초심이 무엇인지는 굳이 말하지 않아도 아실 겁니다. 아이가 생겼음을 처음 알았을 때, 그리고 세상에 태어난 아이의 울음소리를 듣고 그 아이를 품에 안았을 때 우리 눈에 맺혔던 눈물과 가슴 저릿한 감동, 손이 떨릴 정도의 엄숙한 맹세로 가득했던 '그때 그 마음'이지요. 각자의 생각과 표현은 다를지라도 아마 이런 마음이었을 겁니다. "무슨 일이 있어도 널 지켜줄게. 안전하게 보호하며 네가 원하는 삶을 살도록 도와줄게. 네가 어떤 모습이든 사랑하고, 이 사랑은 우리가 죽을 때까지 변치 않을 거야."

그토록 아름답고 성스럽기까지 한 부모의 초심으로 맞이했던 사랑스러운 아이가 도대체 왜, 언제부터 어긋나기 시작하는 걸까요? 한 개인이 성숙해가는 과정에서 기존 체제를 삐딱하게 바라보거나 저항하는 거야 당연할 수 있지만, 자신의 마음에 깊은 생채기를 내면서까지, 심지어 다시 돌아갈 수 없을지도 모르는 지경에 이르면서까지 그렇게 되는 이유는 무엇일까요? 우리는 그 원인을 찾을 수 있을까요? 해결책을 찾을 수 있을까요? 저는 부모의 '초심'에서 그 답을 발견할 수 있다고 생각합니다.

제가 오랜 기간 옆에 딱 붙어 봐온 아이는 고작 두 명입니다. 저의 아이들이지요. 모름지기 양육에 관해 어떤 말을 하려면 정말 '많은' 아이를 20년 가까이, 즉 양육의 종착점에까지 같이 가봐야 한다고 생각합니다. 그러니 그 기준에 맞는, 고작 두 명의 아이만 키운 경험을 토대로 이런 책을 쓴다는 게 말이 안 된다는 생각이 들기도 합니다. 하지만 그동안 임상심리전문가로 일하면서 아이들 세상의 씨줄과 날줄을 목격해왔습니다. 한 살에서 스무 살까지 다양한 연령대의, 다양한 환경에 처한 아이들의 인생을 매일 봅니다. 상담실이라는 특성 때문이겠지만, 그들의 인생에 예기치 않은 사건이 너무 많이 일어나는 것을 보며 놀라기도 하고 안타까움을 느끼기도 합니다. 정상적인 가정에서 부족함 없이 커오다가 '예기치 않게' 문제가 생긴 아이들이 있는가 하면, 척박한 환경에서 어렵게 지내오다가 '예기치 않게' 큰 성취를 이룬 아이들도 있습니다. 후자의 예기치 않음은 벅찬 감동과 축하로 '끝'나지만 전자의 예기치 않음은 문제의 원인을 찾는 것에서 '시작'하지요. 게다가 그 '끝'이 어떻게 될지는 아무도 알 수 없고요. 통상적으로 아이가 열 살 혹은 스무 살이 되면 끝나야 할 양육을 또 다른 측면에서 '시작'해야 한다니, 부모로서 이토록 허탈한 일도 없을 것입니다.

아이들 세상의 씨줄과 날줄을 오랫동안 봐오면서 바람직한 양육의 '핵심'이 무엇인지 윤곽을 잡을 수 있었습니다. 그것이 부모의 초심과 닿아 있음을 깨달아 이 책 《초심육아》에 담았습니다. 부모의 초심은 많은 부모가 원하는, 아이의 행복과 성공을 이루는 데도 필요하지만, 특히 아이에게 문제가 있을 때는 '생명줄'이나 다름없습니다.

부모라면 다음 세 가지 마음을 기억하길 바랍니다.

'초심'으로 키우고, 그 마음을 끝까지 유지하겠다고 '작심'하되, 깜빡 다른 길로 들어섰다면 다시 초심으로 '회심'하기.

'초심육아'를 하면 아이를 거저 키우는 기분이 들 겁니다. '작심육아'를 통해 육아의 길에서 헤매지 않고 아이와 함께 성장하는 경험을 할 수 있을 것입니다. 마지막으로 '회심육아'는 아이 마음이 심히 무너진 상태에서도 반드시 답을 찾아낼 것입니다. 부모님들이 이 세 가지 마음을 갖고 있다면 육아가 원래 즐겁고 보람되고 희망을 품는 일이었음을 새삼 느끼실 것입니다. 이 책이 그런 멋진 경험을 위한 안내서가 되었으면 합니다.

1부

온 가족이 편안하고 즐거운 초심육아

우리나라 부모의 자식 사랑이 원체 깊어서일까요, 자식에게 모든 것을 쏟아붓고 진이 빠진 부모를 많이 봅니다. 가족 중 한두 사람이 소진되거나 희생해서 아이가 잘된들 진정한 행복은 아닐 것입니다. 초심육아는 온 가족이 편안하고 즐겁게 지내는 것을 목표로 합니다. 아이는 즐겁고 부모는 편안한 삶, 초심을 갖고 있다면 가능합니다.

왜 초심이 중요할까

초심육아. 무엇을 말하려고 하는지 짐작하시겠지만, 정확하게 이해해야 실행도 가능할 테니 먼저 부모의 초심이 아이에게 정확히 어떤 의미인지, 왜 육아에서 중요한지, 그리고 '초심부모'는 어떤 모습일지 살펴보겠습니다.

부모의 초심은 아이에게 사랑이다

부모의 초심이 왜 중요할까요? 부모가 초심을 잃으면 아이는 세상에서 가장 중요한 '사랑'이 증발할 것 같은 두려움을 느끼기 때문입니다. 하지만 부모는 '내가 초심을 잃었다고? 나는 늘 변함없이 아이를 사랑하는데 무슨 엉뚱한 말이지?' 하면서 어리둥절해할 수 있습니다. 초심을 잃지는 않았어도 초심의 '모습'이 바뀔 수는 있는데 아이들은 이 바뀐 모습을 초심, 즉 '사랑'이라고 받아들이지 못합니다. 갓난아기에게 늘 먹던 것이 아닌 다른 젖병을 물려주면 안 먹으려고 하고 심지어 울면서 거부하기도 하잖아요. 더 좋은 것을 주려는 엄마의 마음도 모르는 채 말이지요. 아이가 '이것도 젖병이고 저것도 젖병이고 모두 젖병이다'라는 걸 알기까지는 상당한 시간이 걸립니다. 부모의 사랑도 마찬가지입니다. 다 같은 부모의 사랑임에도 아이는 '사랑이 아닌 것 같다'며 의심하고 오히려 불안해할 때가 있습니다. 왜 이런 일이 벌어질까요? 부모와 아이가 각자 생각하는 사랑이 달라서 그렇습니다.

첫째, 눈높이가 다릅니다. 어른은 몸으로, 말로, 선물로, 편지로 사랑을 다양하게 표현하고 받아들이지만, 어린아이가 느끼는 사랑은 그저 '몸 사랑'이 다입니다. 부모가 안아줄 때의 감각과 냄새로 가득 찬 사랑입니다. 저는 늘 문학 작가들이 아이가 느끼는 엄마의 사랑을 글로 표현해주었으면 했는데 최근 그런 책을 하나 발견해 반가웠습니다. 아멜리 노통브는 《너의 심장을 쳐라》에서 주인공 여자 아기 디안이 엄마 품에 안겼을 때의 느낌을 이렇게 표현했습니다. "어마어마한 쾌감으로 존재 자체가 마비되었다. 여신의 체취가 온 감각으로 번져갔고, 그녀는 형언할 수 없을 정도로 그윽한 향기에 잠겨들었다. 그녀는 우주에서 가장 강렬한 도취, 즉 사랑을 경험했다." 책에는 디안이 딸을 거의 안아주지 않는 엄마가 자신을 안아주기를 '사무치게' 기다리는 것으로 묘사되어 있습니다. 아이가 느끼고 바라는 사랑이 어떤 것인지 이해되실 겁니다.

이렇게 엄마가 안아주는 사랑이 다인 시기가 있습니다. 아이마다 다르겠지만 평균 생후 3년 동안은 어떤 아이든 그렇습니다. 부모는 먼저 '몸 사랑'부터 충분히, 아주 충분히 차고 넘치게 주어야 합니다. 제가 첫 책 《하루 3시간 엄마 냄새》를 쓴 이유이기도 합니다.

엄마 품에 안겨 있다고 해서 가만히만 있는 아기는 세상에 한 명도 없습니다. 잠시 후 꼼지락대며 고개를 들지요. 엄마의 사랑에(엄마 가슴에 코가 묻혀) 질식할까 봐 살겠다고 버둥대는 겁니다. 엄마 품에서 잠시 벗어나더라도 뭔가 허전하고 불안하다 싶으면 다시 엄마에게 결사적으로 기어오거나 달려오고요. 그렇게 알아서 조율하니 걱정하지 말고 아이를 충분히 안아주어야 합니다. 사랑의 '엄마 냄새'를 맡는 것이 한때 아이에게는 지상 최대의 과업이자 목표입니다. 하물며 아이가 두 팔을 벌려 안아달라고 할 때는 만사를 제쳐놓고 안아주어야겠지요.

둘째, 넓이가 다릅니다. 부모의 초심이 무엇인지 다시 한번 살펴볼까요? '네가 어떤 모습이든 사랑하고 지켜줄게. 네가 일찍 자든 안 자든 콩을 먹든 안 먹든 엄마 말에 순종하든 안 하든 공부를 잘하든 못하든.' 이런 마음이겠지요? 하지만 언젠가부터 아이가 잠을 잘 안 자거나 콩을 안 먹으면 엄마는 화난 표정을 짓습니다. 공부를 열심히 안 하거나 엄마 말을 거역하면 더 크게 실망하고 화를 내지요.

엄마가 아이를 사랑한다는 사실은 변하지 않았습니다. 잘 자고 콩도 먹고 엄마 말에 순종하고 공부도 열심히 하길 바라는 것 모두 아이가 잘되기를 바라는 '큰' 사랑이지요. 실제로 그런 큰 사랑에 드는 돈도 기꺼이 부담하고요. '돈이 있는 곳에 마음도 있다'는 말처럼, 아이를 사랑하니 '내' 돈 들여 콩도 사 오고 침대도 사주고 학원에도 보내는 거잖아요. 즉, 부모의 사랑은 아이가 나이를 한 살씩 먹을 때마다 '커'지고 다차원이 됩니다.

하지만 아이에게는 아직 '작은' 사랑이 다입니다. '크고' 다차원적인 사랑은 이해하지 못합니다. 그래서 곰곰이 생각하다가 부모가 자신을 좋아하지 않는다고 오해하며 두려워합니다. 두려움에서 벗어나고자 콩을 먹거나 학원에도 가지만 이제 다른 불편함이 발생합니다. 실제로 콩을 먹으면 배가 아프다든지 학원에 거친 친구가 있어 가기 무서울 수도 있거든요. 여러분이 아이라면 이런 진퇴양난의 상황에서 어떻게 할 것 같으세요? 어른 세계에서는 불편함을 감출 수 있지만 아이는 그러지도 못하잖아요. 결국 엄마 눈에는 아이가 내켜하지 않으면서 건성으로 하는 게 다 읽히지요. 하지만 대부분의 엄마는 이런 상황에서조차 아이의 마음을 읽어내려 하기는커녕 반대 방향으로 치닫습니다. '어쭈? 이 좋은 걸, 이 당연한 걸 억지로 하네? 진심으로 좋아하면서 해야지' 혹은 '싫어도 억지로라도 하면 됐어. 결국엔 부모 마음을 알겠지' 하고 생각합니다.

생명체는 본성에서 벗어나 삶을 인위적으로 살수록 몸과 마음에 문제가 생깁니다. 하지만 인간이라면 당연히 자기 편한 대로만 살 수는 없으니 순종, 순응, 책임, 의무도 배우고 수용해야 합니다. 다만, 어차피 언젠가는 반드시 해야 할 일인데 너무 일찍부터 그다지 중요하지 않은 일에까지 눈치 보며 억지로 따르게 할 필요는 없지 않을까요? 이제 고작 다섯 살도 안 된 아이에게 콩을 먹는다든지 제시간에 잠자야 한다든지 하는 것은 권장 사항일 뿐, 부모가 화내면서까지 강요할 문제는 아니지 않을까요? 부모는 자신의 초심이 어떻게 하면 아이에게 전달될지 잘 생각해봐야 합니다. 그 초심이 아이에게는 절대적인 사랑이니까요. 잘못하면 부모가 자신을 사랑하지 않는다고 오해할 수 있으니까요.

초심부모의 모습

초심부모는 아이를 있는 그대로 봐주며 존중하고 사랑합니다. 아이보다 반 발짝 정도만 앞서 길을 안내하고 반 발짝 뒤에서 지켜보며 보호합니다. 20년에 걸쳐 차분하게 발달해가야 할 양육 과정을 통째로 부모 마음대로 설정해서 세 살 되면 이거, 일곱 살 되면 저거 해야 한다는 식으로 마치 매니저처럼 일방적으로 끌고 가지 않습니다. 길을 안내하되, 늘 아이가 편안하고 행복해하는지 살펴, 본인이 원하는 방향으로 살아가도록 수도 없이 교정합니다.

UC버클리대학 심리학 교수 앨리슨 고프닉은 '양육하지 말라'고 말합니다. 잘못된 양육의 예를 너무 많이 봐서 그럴 테지요. 그렇다고 정말 양육을 안 할 수 있을까요? 고프닉이 정말 하고 싶었던 말은 그녀의 책 제목인 '정원사 부모와 목수 부모'라는 표현에서 드러납니다. '목수 부모'는 아이가 어떤 사람이 되어야 한다고 정한 후 필요 없다 싶은 부분을 일찌감치 잘라내고, '정원사 부모'는 아이들이 저마다 다르다는 것을 인정하고 스스로 노력해서 성과를 이루도록 도와주며 어떤 나무도 포기하지 않습니다.

정원사의 마음이 어떤 건지 간접적으로 체험한 적이 있습니다. 베란다 화분 중 겨울이 되면서 많이 시든 것이 있었는데 쉽게 버려지지 않더군요. 식물과 흙을 분리하고 화분을 내다 버리는 일이 귀찮기도 했고요. 심하게 시든 부분만 대충 뽑아내고 겨울을 넘겼는데 이듬해 봄에 작은 줄기들이 올라오는 게 아니겠어요? 생명력이라는 게 새삼 놀랍고 신비로웠습니다. 정원의 모든 식물이 다 쓰임새가 있다는 걸 알고 때를 기다리는 정원사처럼, '정원사 부모'는 아이의 가능성에 늘 마음을 열어두고 '봄이 올 때까지' 기다려줍니다. 아이보다 몇십 년 앞서 살았기에 어떤 것들은 이미 눈에 훤히 보이지만, 그래도 아이의 인생은 아이의 것이기에 본인 스스로 그 길을 걸어가면서 깨쳐야 한다는 마음으로 묵묵히 이끌어줍니다. 식물에 병충해가 생기지 않도록 신경 써주듯 아이 또한 안전하게 커가도록 보호해주는 건 당연하지만요.

아이가 태어나자마자 마치 영화 시나리오 짜듯 아이 인생을 설계하는 부모가 있습니다. 중간 단계는 훌쩍 건너뛴 채 명문대에 간 후 번듯한 직장에 취업해서 좋은 반려자를 만나 행복하게 산다는 내용이 대부분이지요. 아이는 누워 이제 막 옹알이를 시작했는데 부모의 마음은 벌써 18년 후에 가 있습니다. 의식적이든 무의식적이든 이런 시나리오가 각인되면 부모의 시선은 항상 십수 년 후의 미래를 향하고 아이 연령에 따라 '클리어'해야 할 미션도 정해놓게 되지요. 아이들이 올림픽에 출전하는 선수 같아 보이기도 합니다. '더 빨리, 더 높이, 더 힘차게'의 구호 아래 맹렬히 경주하는 선수 말입니다. 부모는 아이에게 이런 메시지를 주입하는 것 같고요. "거긴 네 자리가 아니야. 거기서 멈추면 안 돼. 거기서 만족해서도 안 돼. 넌 더 잘할 수 있어." 때로는 과학적(?) 근거가 있는 격려사를 덧붙이기도 합니다. "인간은 자기가 가진 능력의 10퍼센트도 발휘하지 못하고 산대. 너는(우리는) 그 한계를 깨고 멋지게 날 거야. 삶을 업데이트하는 거야."

한계를 넘어 최대한 성장하는 것은 정말 멋진 일이며 사람이라면 한번쯤 가져볼 만한 목표지요. '업데이트'라는 단어는 그 자체로 우리 기분을 '업'시킵니다. 하지만 이렇게 '업up'만 목표로 하는 시나리오는 치명적인 단점을 갖고 있습니다. '다운down'이 다반사인 아이의 전체

모습, 더 정확하게 말하면 '참모습'을 부인하게 된다는 거지요. 실망스럽거나 마음에 들지 않는 모습이 보이면 '실수' '오류' '실책' '오해' 등으로 단정지으면서 "이건 네가 아니야. 네 진짜 모습을 보여줘. 다음엔 그럴 수 있지?"라며 다그칠 때가 많아집니다. 이럴 때 "아, 부모님은 내가 더 성장하기를 바라는구나, 참 고결하고 감사하다" 하고 받아들이는 아이는 굉장히 드물지요. 오히려 부모가 자신의 노력을 인정하지 않고 있는 그대로의 모습을 사랑해주지 않는다고 생각해 크게 좌절합니다. 그렇게 조금씩 틈이 벌어지다 보면 급기야 격한 갈등으로 치닫기도 하고요.

초심부모는 아이의 전체 인생 맵map을 차분히 바라봅니다. 맵, 즉 지도에는 정상만 있지 않습니다. 골짜기도 있고 협곡도 있지요. 정상만 있는 지도를 누군가 만든다면 단 한 장도 팔리지 않을 것입니다. 우리 아이들, 골짜기에만 계속 있는 아이도 없고 내내 정상에만 있는 아이도 없습니다. 어른도 그렇지만 아이의 삶에는 더욱더 '단 하나의 길'이란 절대로 없으며, 오히려 너무도 많은 변수가 존재합니다. 그 나이대 자체가 성장과 발달 '중'에 있기 때문이지요. 초심부모는 이 모든 과정이 자연스럽게 펼쳐지고 완성되도록 도와줄 뿐 어떤 결과를 미리 정해놓고 그에 이르지 못할까 봐 노심초사하지 않습니다. 자신을 있는 그대로 수용하고 사랑해주는 부모가 있으니 아이는 참으로 단단하게 커나갑니다.

초심부모의 재미와 여유

고등학교 무용부 학생들을 상담한 적이 있는데 어느 누구라 할 것 없이 실패나 실책에 대한 두려움이 상당히 컸습니다. 한 번의 실패나 실책으로도 실력이 평가되고 이후 상급학교 진학이나 무용단 입단에 영향이 있을 테니 충분히 이해는 되지요. 하지만 제가 놀란 이유는 어차피 일어날 수밖에 없는 실수에 대처하는 마음가짐이 전혀 준비되어 있지 않았다는 것이었습니다. 훈련 과정에 당연히 이런 커리큘럼이 포함되어 있으리라 생각했거든요.

저는 학생들에게 '실수는 당연하다, 실패도 당연하다, 실책은 더 당연한 것이다'라는 말을 수도 없이 마음에 새기도록 했습니다. "세상에 실수하지 않는 사람이 있니? 실수를 안 하는 게 가능해?"라고 물으면 이렇게들 말하더군요. "불가능하지요. 하지만 그래도 저는 하면 안 돼요." 이 무슨 궤변일까요? 본인들은 무슨 뜻인지 알고 말하는 걸까요? 그런 일이 일어나지 않는 게 불가능한데 본인에게는 일어나면 안 된다니, '사람은 모두 죽지만 나는 죽으면 안 된다'는 말과 같잖아요. 얼마나 그런 말을 많이 들었으면 이렇게 자동적으로 내뱉을까, 참 안타까웠습니다. 그때는 아직 '아마추어' 무용수들이다 보니 훈련 시스템이 체계적이지 않아서 그럴 것이라고 생각했습니다. 그런데 몇 년 후 프로 무용수와 상담할 때도 "어떻게 하면 춤을 잘 출 수 있는지에 대해 배운 적은 많아도 실책에 대처하는 방법을 배운 기억은 없는 것 같습니다. 각자 알아서 이겨내야 합니다"라는 말을 듣고 다시금 놀랐습니다. 한국은 아마도 세상에서 가장 실패를 인정하지 않고 실패에 맞서는 법을 가르쳐주지 않는 나라인 듯싶습니다.

저는 몇 시간에 걸쳐 그 고등부 무용수들이 실책의 당연함을 수용하게 된 후에야 실책 상황에서 몸이 굳지 않고 바로 다음 동작으로 연결할 수 있도록 심상 훈련을 시작했습니다. 상담이 끝날 때쯤에는 한결 편한 얼굴이었습니다. 그들이 이어서 바로 좋은 성과를 냈는지는 알지 못합니다. 하지만 성과와 상관없이 반드시 배워야 할 것이었습니다. '실패는 반드시 하게 되어 있다. 내가 할 일은 그걸 당연히 받아들이고 그다음 무엇을 할지 선택하는 것이다'라는 걸요.

아이는 살면서 반드시 실패합니다. 그것도 여러 번, 심지어 아주 중요한 상황에서도 실패하게 되지요. 그리고 그게 아이의 '참모습'입니다. 그런데 기특한 건, 실패에 맞설 수만 있다면 반드시 다시 일어난다는 점입니다. '당당히' 맞서면 가장 좋겠지만 '우물쭈물' 맞서도 반드시 일어납니다. 이 놀라운 회복 탄력성 또한 아이의 참모습입니다. 성공하는 아이를 볼 때 기쁨은 당연하지만, 실패를 딛고 일어나는 아이를 볼 때의 희열감과는 비교도 안 됩니다. '와, 이 맛에 아이 키우는 거지. 이 모습을 (나 죽기 전에) 보게 돼 정말 다행이다. 나는 부모로서 할 일을 다 했다'고 생각해도 좋습니다. 그런데 우리 부모들이 아이의 회복 탄력성을 볼 기회 자체를 차단하는 것 같습니다. 회복 탄력성을 보일 필요가 없을 정도로, 즉 아예 바닥에 넘어지는 일이 없을 정도로 성공, 성공, 또 성공으로만 계속 레드 카펫을 깔아주려 하니까요.

성공의 레드 카펫이 계속 깔리는 상황은 완전히 '비현실적'입니다. 따라서 아이가 진정 행복하기를 바란다면 부모는 얼른 전략을 바꾸어야 합니다. 좀 과장해서 말한다면, 아이가 실수나 실책을 했을 때 격하게 반겨야 합니다. '드디어 이런 날이 왔구나. 자, 그동안 갈고닦은 부모의 내공을 제대로 펼쳐봐야겠군' 하면서 말이지요. 그리고 이렇게 말해줘야 합니다. "그래, 힘들지? 속상하지? 괜찮아. 우리는 여전히 네가 자랑스러워. 애썼네." 그리고 며칠 후 기운이 좀 올라온 듯싶으면 이렇게 대화를 시작해야 합니다. "자, 이번에 우리 ○○(이)는 무엇을 배웠을까?"

지크문트 프로이트는 사람으로서 살아가는 데 꼭 필요한 것으로 일과 사랑을 꼽았습니다. 살아갈수록 맞는 말인 것 같습니다. 사랑의 모습이나 범위가 너무도 광범위해 지금 다 말할 수 있는 주제는 아니지만 '내가 진정으로 이해받는 느낌'도 사랑의 핵심이라고 생각합니다. 아이에게 그런 사랑을 주는 첫 인물은 당연히 부모입니다. 아니, 어쩌면 부모밖에 없을지도 모릅니다. 부모야말로 아이를 가장 잘 이해할 수 있으니까요. 어린아이를 둔 엄마들이 킥킥대면서 "어휴, 고 조그만 게 머리 굴리는 게 다 보이는데, 내 참 웃겨서"라고들 하잖아요.

아이에게서 바람직한 모습만 찾고자 하는 것과 바람직하든 그렇지 못하든 그 모든 모습을 인정하고 개선하도록 도와주는 것, 어느 것이 사랑인지 우리는 이미 알고 있지요. 초심부모의 힘은 아는 것과 실행하는 것을 일치시키는 데서 나옵니다. 삶의 과정에서 실패는 불가피하며, 모든 실패를 통해 우리는 배우고 성장한다는 것을 알고, 그 지혜를 '몸소' 아이에게 보여줍니다. 육아의 방향을 이렇게 잡고 있는 한, 참 아이 키울 맛이 납니다. 육아의 재미와 여유, 초심부모만이 누릴 수 있습니다.

전설적인 수영 선수 마이클 펠프스의 코치였던 밥 보먼은 펠프스가 금메달을 딸수록 심상 훈련을 열심히 시켰다고 하지요. 흥미로운 점은 성공적인 경기를 해내는 심상 훈련 못지않게 경기가 풀리지 않을 때의 심상 훈련을 많이 시켰다는 겁니다. 기술은 이미 세계 최정상권이니 실책 상황에서의 마음 관리가 더 중요하다고 판단했던 것 같습니다. 심지어 수경에 물이 새어드는 가상의 경우까지 대비했는데, 바로 이런 일이 베이징 올림픽에서 일어났습니다. 펠프스는 경기 내내 앞을 볼 수 없었지만 미리 준비했던 대로 침착하게 수영해서 금메달은 물론 세계신기록까지 세웠습니다. 아이들이 이런 코치를 만난다면 얼마나 행운일까요? 아직 못 만났다면 우리가 해주지요. 보먼의 이름과 똑같은 초성(ㅂ, ㅁ)을 가진 존재들, 바로 '부모'입니다.

왜 초심이 흐려질까

초심의 중요성을 모르는 부모는 아마 없을 것입니다. 하지만 지키기가 참 쉽지 않습니다. 단순히 의지력이 약해서라기보다는 부모의 욕망과 스트레스, 심리적 문제로 인해 자신도 모르게 소중한 것을 지켜내지 못할 때가 있습니다.

부모의 욕망

앞 장에서는 부모의 초심이 깨지는 원인이 아이가 성장하면서 부모의 사랑이 커지고 다차원이 되기 때문이며, 안타깝게도 아직 인식 수준이 낮은 아이는 이런 상황을 사랑이 증발하는 위협으로 느낄 수 있다고 했습니다.

더 진지하게 생각해봐야 할 것은, 부모는 아이의 인생에 좋은 것만 주려 한다지만 과연 정말 '아이에게도 좋은 것일까?' 하는 점입니다. 부모는 알게 모르게 자신의 '욕망'을 아이에게 투영할 수 있습니다. 자신의 한恨이나 과거에 충족되지 못했던 소망을 아이를 통해 풀어보려 하는 것이지요. 부모가 이런 욕망에 갇히면 초심은 당연히 흐려질 수밖에 없습니다.

직업이 법무사인 아버님이 아들과의 갈등 때문에 상담하러 왔습니다. 중학생 아들이 공부보다 게임에 더 열중해서 볼 때마다 야단쳤더니 아버지에게 대들고 급기야 가출하는 상황에까지 이르렀습니다. 갈등이 고조된 배경을 살피던 중 아버님이 이런 이야기를 꺼냈습니다. "회사에서 같이 일하는 변호사 때문에 너무 스트레스를 받아 친구에게 하소연했더니 친구가 '네 자식 무조건 변호사 만들어. 그게 복수하는 거야'라고 하더군요. 그 말을 들은 후로 아들에게 야단을 더 많이 치게 된 것 같네요." '진짜 그럴까 보다'라는 생각이 들었는데, 아이가 이과라 '그렇다면 의사로 만들어야겠다'는 계획을 세우면서 갑자기 초조해졌다고 합니다. 의대를 가려면 특목고에 입학하는 쪽이 유리할 것 같아 진학 목표를 세웠고 아들도 공부를 잘하는 편이어서 가능하리라 생각했는데, 막상 계획대로 따라주지 않으니 화가 나기 시작했다고요. 아이가 공부를 잘하는 편이었다니 어떤 모습으로든 자기 앞가림을 했을 텐데, 부모 마음대로 아이를 억지로 끌고 가려 했으니 갈등이 생길 수밖에 없었을 겁니다.

더 위험한 건, 이분이 '타인의 욕망'을 추구했다는 겁니다. 친구의 말을 듣기 전에는 아이를 변호사나 의사로 만들어야겠다는 생각을 한 적이 없었다고 합니다. 이분이 상담 말미에 하신 말씀입니다. "이 바닥에서 오래 일하다 보니 돈 많다고, 성공했다고 절대로 행복하지 않다는 걸 매일 실감하거든요. 그래서 누구보다 제 자식은 정말 자기가 하고 싶은 일 찾아서 행복하게 살길 바랐었지요. 그런데 그날 너무 힘들어서 그랬나, 친구 말을 듣는 순간 정신이 회까닥 돌면서 아들이 변호사나 의사만 되면 모든 문제가 해결될 것 같았어요. 늦게라도 정신 차렸으니 다행이지요."

이 사례처럼, 자신의 힘듦을 자식을 통해 풀어보겠다는 숨겨진 욕망으로 부모의 초심이 흔들리는 경우를 정말 많이 봅니다. 부모는 아이에게 특별히 어떤 것을 기대하고 강요할 때 과연 아이도 정말 원하는지, '내' 욕망에서 비롯된 것은 아닌지 냉철하게 생각해봐야 합니다.

혹시 욕구와 욕망의 차이를 아시나요? 욕구란 '삶 자체'에 필수적인 것을 바라는 것인 반면, 욕망은 필수적이진 않지만 보다 '폼 나는 삶'을 위해 바라는 것이라고 정의해봅니다. 초심부모라면 자신의 욕망과 아이의 욕구를 잘 분별하고 '아이의 삶'은 '아이의 욕구'에 맞게 흘러가도록 해야 합니다.

인간의 필수적인 욕구에 대해서는 많이 들어보셨을 '매슬로의 욕구 5단계' 이론이 가장 유명하고 또 이해하기 쉽습니다. 5단계 욕구란 생리적 욕구, 안전의 욕구, 사랑과 소속의 욕구, 자존감의 욕구, 자기실현의 욕구를 말합니다.

1단계, 생리적 욕구는 의식주처럼 생존에 반드시 필요한 것을 바라는 것입니다.

2단계, 안전의 욕구는 말 그대로 안전하게 살기를 바라는 것입니다. 신체적으로 위험하지 않아야 하고 심리적으로 불안하지 않아야겠지요.

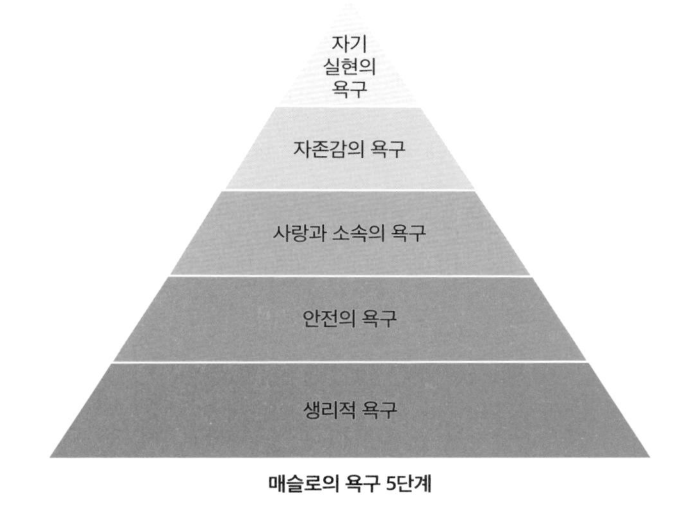

매슬로의 욕구 5단계

3단계, 사랑과 소속의 욕구는 사람들로부터 인정과 칭찬을 받으면서 소속감을 느끼고자 하는 것입니다. 성장하면서 이 욕구는 가족을 넘어 확대됩니다. 처음에는 친구, 더 나이 들면 동료, 연인, 선후배 등으로 범위가 넓어지지요.

4단계, 자존감의 욕구는 단순한 소속감과 인정받는 수준을 넘어 자신이 가치 있는 사람이라는 강렬한 존재감을 바라는 것입니다.

5단계, 자기실현의 욕구는 삶을 완성하려는 것으로, 자신의 꿈을 이루고 성과를 내고자 하는 욕구입니다.

욕구 5단계 이론으로 아이를 한번 봐보세요. 아이는 지금 어느 단계에 있나요? 이전 단계의 욕구는 충족된 것 같나요? 2단계 안전의 욕구도 아슬아슬한데 한참 위의 단계에서나 가능한 '성과'를 내도록 다그치고 있는 건 아닌지요? 아이는 아직 3단계 사랑과 소속의 욕구 단계에 있는데 부모가 자신의 욕망 때문에 5단계 자기 실현의 욕구를 강요하고 있는 건 아닌지요?

앞의 아버님 사례로 돌아간다면, 중학생 아들은 또래 집단에 소속되어 인정받는 걸 아주 중요하게 여기는 단계입니다. 그 욕구를 충족하는 방법은 나이를 고려하면 아무래도 게임일 수밖에 없고, 그러니 밤낮으로 게임에 몰두하는 겁니다. 이 과정에서 정말 많은 부모와 아이가 갈등하고 대치하지요. 아이의 욕구를 허락하면서도 부모가 바라보는 궁극적인 목표, 즉 어떤 직업에 필요한 능력을 갖추기 위한 노력의 균형점을 찾기가 정말 어렵습니다. 그렇다 보니 감언이설, 보상과 처벌, 협박까지 온갖 방법이 동원되지요.

중요한 것은 이런 과정을 인식하는 것과 인식하지 못하는 것에는 큰 차이가 있다는 점입니다. 인식하는 부모는 어쨌든 아이에게 조심조심 접근하지만 인식하지 못하는 부모는 순간적으로 이성을 잃은 듯한 모습으로 아이를 대할 수 있습니다. 아버님이 말한, '정신이 회까닥 돈' 것 같은 상태라 할까요. 그러다 황금알을 낳는 닭의 배를 갈랐던 농부 같은 부모가 될 수도 있습니다.

상담실에서 보면 가만히 내버려두었으면(?) 훌륭하게 컸을 아이들이 부모의 욕망 때문에 얼마나 잘못된 길을 가는지 안타깝기 짝이 없습니다. 충분히 만족스럽게 살 아이를 그저 '한때의 최고'로 만들어보려고 아이의 뜻과 상관없이 끌고 가다 오히려 평균 이하의 삶을 사는 결과를 만들고 맙니다. 현실적인 성취 면에서도, 부모와 자녀 간의 관계 면에서도 그렇습니다. 고프닉이 왜 '양육하지 말라'고 했는지 실감하곤 합니다.

부모의 욕망이 절대적으로 나쁜 건 당연히 아닙니다. 프랭크 A. 클라크의 "아버지란 자식이 자신이 되기 원했던 사람만큼 훌륭하게 자라기를 바라는 사람이다"라는 '뭉클한' 말처럼, 자식이 훌륭한 사람이 되기를 바라는 건 아름다운 희망입니다. 다만, 아이의 욕구를 무시하면서까지 자신의 욕망에 갇혀서는 안 된다는 말입니다.

부모의 스트레스

초심이 깨지는 또 다른 원인은 부모의 스트레스입니다. '육아 스트레스'라는 말이 일상어가 될 정도로 육아가 강력한 스트레스인 것은 맞지만, 부모가 놓치기 쉬운 점은 이미 큰 스트레스를 받는 상태에서 육아의 짐이 더해졌다는 사실입니다.

일반적으로 부모가 되는 시기는 공교롭게도 한 인간의 삶에서 가장 스트레스를 많이 받을 때입니다. 힘들어도 혼자서만 잘 버티면 되었던 미혼 때와 달리, 또 다른 중요한 존재(배우자와 아이)를 항시 신경 쓰고 보살펴야 합니다. 사회적으로도 이제 자신의 경력에 맞는 결과물을 계속 내놓아야 한다는 압박을 받고 실수나 실책을 해도 이해해주거나 편들어줄 사람이 없으며 즉각 인사고과에 반영됩니다.

이 시기 부모의 심정을 한 단어로 표현할 수 있는 개념이 있습니다. 바로 '취약성'입니다. 브레네 브라운은 《마음가면》에서 취약성을 '불확실성, 위험성, 감정적 노출'로 정의했습니다. 예를 들면 어떤 일을 처음 하는 것, 그 일의 결과를 기다리는 것, 승진했는데 잘해낼 자신이 없는 것, 조직검사 후 결과를 기다리는 것, 책임지는 것, 무언가가 두렵다고 인정하는 것 등입니다. 어떤 상황인지 이해되시지요? 성과를 내놓아야 한다는 압박감, 결과가 좋지 않거나 부정적 평가를 받을까 두려운 느낌으로 요약할 수 있습니다.

브라운이 인터뷰한 사람들은 이런 상황을 '아주 큰 위험을 감수하는 느낌', '적 앞에서 벌거벗은 느낌', '목구멍에 무언가 걸려 있는 느낌'이라고 표현했습니다. 지금 부모가 된 이들이 충분히 경험할 상황과 감정이지요. 대부분 막 직장에 안착해 열심히 성과를 내면서 승진을 준비하는 동시에 아이까지 온 정성으로 키워야 하는 상황이라 압박감이 심하고 심장이 아주 버겁습니다. 전업맘도 예외는 아닙니다. 직장 스트레스는 없을지 몰라도 처음 육아를 경험하면서 아이가 잘못될까 전전긍긍하며 몸과 마음이 녹초가 될 뿐만 아니라, 아이만 돌보다가 자신을 잃어버릴 것 같은 두려움이 엄습할 때가 많습니다.

이렇게 안팎으로 힘들어지면 본인도 살아야 하기에 삶에서 조금은 만만한, 혹은 자신의 뜻대로 진행되었으면 하는, 또는 마음을 덜 기울여도 될 만한 부분을 자연스럽게 찾을 수밖에 없습니다. 그 대상은 대개 가족이고 가족 중에서도 아이들이 되는 경우가 많습니다. 가장 낮은 서열(?)에 있고 가장 '내' 마음대로 할 수 있으니까요.

꼼꼼하게 최선을 다해야 하는 직장과 달리 가정은 본인의 분담 없이도 대충 굴러가기를, 아이는 일련의 스케줄에 따라 '알아서' 움직이기를 바라게 됩니다. 스케줄에 구멍이 생기면 너무도 많은 일이 망가지기 때문에 아이가 계획대로 움직이지 않으면 아이의 입장을 들어볼 생각도 하지 못한 채 일단 화부터 납니다. 이렇게 순식간에 초심이 깨지고 맙니다.

안타깝게도, 취약성은 단시일 내에 극복하기 힘듭니다. 아니, 완전한 극복 자체가 힘들다는 말이 더 정확할 것입니다. 취약성은 스트레스로 유발되는 심리 상태인데 살아 있는 한 계속 스트레스를 받을 수밖에 없으니까요. 그렇다면 우리가 할 수 있는 일이란 취약성을 느끼는 부분을 최대한 줄여보거나 강도를 완화하는 것밖에 없겠지요.

취약성을 덜 느껴도 되는 영역을 잡아본다면, 저는 육아가 해당된다고 생각합니다. 부모님들의 예상과 달라 놀라셨나요? 오해하지 말아야 할 것은, 육아가 힘들지 않다는 게 아니라 취약성을 많이 느끼지 않으면서 할 수 있다는 뜻입니다. 직장 등의 사회생활에서는 취약성을 유발하는 상대방이 '나'보다 '갑'의 위치에 있는 경우가 대부분이지요. 목구멍이 포도청이니 그 갑의 눈치를 봐야 하고요. 하지만 육아에서의 관계는 이런 상황이 아닙니다. 아이는 갑은커녕 '나'보다 힘도 세지 않고 오히려 '내' 눈치를 보지요. 즉, 집에서는 '내'가 주도권을 갖고 있으니 취약성도 얼마든지 조절할 수 있습니다. 주도권을 갖고 있는데도 취약성을 느낀다면 그저 혼자서 비교의식, 열등감, 지나친 완벽주의 등 너무 많은 생각에 잠겨서 그렇습니다.

초심의 핵심은 아이를 있는 그대로 봐주고 발달 단계에 맞춰 천천히 '같이' 나아가는 것이므로 양육 스트레스가 적을 수밖에 없습니다. 사회인으로서의 번아웃은 크든 작든 어차피 피할 수 없으니 집에서만이라도 숨을 좀 돌리고 천천히, 여유롭게, 사랑을 만끽하며 살아봐야 하지 않을까요? 부모가 초심을 유지하면 그리 어려운 일도 아닙니다. 그러면 당연히 집에서만큼은 취약성을 덜 느끼게 되지요.

이런 이야기를 하면 꼭 받는 질문이 있습니다. "좋은 말이네요. 그런데 그렇게 살면 아이가 좋은 대학에 가고 좋은 직장을 얻나요?" 이런 의문이 드신다면 다음 내용을 읽고 차분하게 생각해보셨으면 좋겠습니다.

우선은 부모의 머릿속에서 '좋은'이라는 단어를 삭제하길 제안합니다. 성적이나 연봉 같은 지나치게 편협한 기준으로 만들어진 '좋은'이라는 관념의 노예가 되어 부모도 아이도 힘들게 20년을 살아갑니다. 모든 아이는 '초심'만으로 자신의 인생을 멋있게 꾸려갈 수 있습니다. A대학에 가든 B대학에 가든 혹은 안 가든, C직장에 다니든 D직장에 다니든 혹은 프리랜서로 일하든, 인생의 표지만 달라질 뿐입니다.

무엇보다 '좋은'의 의미는 편협할 뿐만 아니라 현실적 인과성이 대단히 희미해서 부모가 개입할 여지가 생각보다 크지 않습니다. 오랜 기간 심리 상담을 해오면서 알게 된 사실은 '좋은' 대학에 갈 아이는 부모가 투자하든 안 하든 상관없이 간다는 것입니다. 냉정하게 들릴지 몰라도, 결국 아이의 몫이라는 이야기지요. '좋은' 대학에 갈 아이는 애초에 게임에 광적으로 몰입하지도 않고 몰입했어도 고등학교 2학년이나 3학년 때 스스로 '이렇게 살면 안 되겠구나' 생각하며 빠져나옵니다. 기본적으로 성공과 성취에 대한 욕구가 매우 높고, 아주 어렸을 때부터 스스로 책을 읽기 시작하며, 1등의 기쁨을 알고, 숙제하라는 말은 들어본 적도 없을 만큼 매우 성실합니다. 이런 아이는 친구들이 게임으로 충족하는 '사랑과 소속의 욕구'를 공부를 통해 충족합니다. 놀랍지 않나요?

이런 부분은 타고나는 쪽이 많으니 노력만 하면 된다고 우격다짐할 일이 아닙니다. 부모들이 아이에게 "넌 머리는 좋으니까 노력만 하면 돼"라는 말을 많이 하는데, 저는 단연코 노력도 개개인의 타고난 능력이라고 말씀드립니다. 머리가 아주 좋은 사람을 천재 또는 영재라고들 부르는데, 아이큐IQ로만 천재, 영재가 있는 것이 아닙니다. 어떤 아이는 노력의 천재입니다. 또 어떤 아이는 집중과 성실함의 천재입니다.

그러니 아이가 어떤 면에서 천재인지 정확하게 파악하고 다른 면의 천재가 아님을 기꺼이 수용해보세요. 그러면 집 나갔던 웃음과 즐거움, 행복이 손에 잡힐 것입니다. 물론 아이가 자신의 길을 확실히 찾을 때까지는 계속 여러 자극을 줘보고 기회도 제공하는 것은 당연합니다. 다만 '이렇게 주었으니 너도 내놓아라. 문제는 네 노력 부족이다'라며 압박하지는 말아야 한다는 말입니다.

아이가 학교 공부에서의 천재가 아니라면 부모는 일단 실망스럽긴 하지요. 하지만 두 가지 길이 있습니다. 초심을 잃은 부모는 큰 스트레스를 받고 더 번아웃되어 아이를 다그치거나 아니면 '내놓은 자식' 취급하는 극단의 모습을 보입니다. 반면, 초심부모는 아이에게서 얼른 다른 '천재' 영역을 찾아내, 훨씬 즐겁고 행복하게 꿈을 이루도록 독려합니다. 아이는 여전히 예쁘기만 하고요. 마음먹기 하나로 삶이 엄청난 차이로 달라집니다. 부모는 편안하게, 아이는 즐겁게. 초심부모가 누릴 수 있는 행복입니다.

부모와 맞지 않는 아이의 기질

초심이 흐려지는 원인이 비단 부모에게만 있는 것은 아닙니다. 아이의 기질에 질려 '내 자식 맞나?'라는 생각이 들 정도로 정이 떨어질 때 초심이 흐려지기도 합니다. 이상하게도 갓난아기 때부터 부모를 힘들게 하는 아이들이 있습니다. 유난히 까탈스럽고 고집 세며, 잘 먹거나 자지 않고 심지어 난폭성을 보일 때도 있지요. 이런 아이의 부모는 조금만 아이와 같이 있어도 기가 다 빨리는 느낌이 듭니다. 당연히 아이가 예뻐 보이지 않게 되지요.

아이의 기질에 근본적인 문제가 있다기보다 부모와 기질적 코드가 맞지 않을 때도 육아가 훨씬 힘들게 느껴집니다. 대표적인 기질 중 하나인 외향성-내향성 측면만 들여다봐도 코드 불일치로 인한 힘듦이 꽤 크다는 걸 알 수 있는데요. 내향적 부모는 외향적 아기의 활발한 활동을 일일이 맞춰주지 못할 때가 많습니다. 부모가 보기에는 그 정도면 충분히 논 것 같고 이제 집에 들어가서 저녁 준비도 해야 하는데 아이는 여전히 더 놀려 하고, 억지로 집에 데려가려 하면 큰 소리로 울면서 저항합니다. 몇 번은 달래보겠지만 결국 꾸짖게 되고, 심지어 엉덩이를 때려주고 싶은 기분이 들지요. 그저 기질 차이 하나만으로도 충분히 초심에서 멀어질 만합니다. 부모로서 굳이 겪지 않아도 될 죄책감까지 느끼면서요. 크게 문제 될 것 같지 않은 외향성-내향성 측면에서만 봐도 힘든데, 정말로 통제하기 어려운 아이의 기질까지 더해진다면 소진감은 더욱 커질 것입니다.

혹시라도 아이의 기질에 당황해 자신이 양육을 잘 못해서 그러는 게 아닌지 죄책감을 느끼는 부모가 있다면, 양육과 무관한 유전적 소인 때문일 수 있으니 너무 자책하지 말기 바랍니다. 앞에서 언급한 '까탈스러운' 기질을 전문용어로 '고반응성 기질'이라고 하는데, 어떤 상황이나 자극에 대해 지나치게 과하게 반응한다는 뜻으로, 선천적으로 갖고 태어나는 경우가 많습니다. 그러니 온순한 아이를 둔 부모는 '아이를 잘 키운다', 고반응성 기질의 아이를 둔 부모는 '아이를 잘못 키운다'라고 섣불리 단정하면 안 됩니다.

우선 현재 상황을 수용하고 긍정적인 측면을 찾아보세요. '얘는 우리 안에 있던 다른 부분, 어쩌면 우리가 갖고 싶었던 부분을 많이 갖고 나왔나 보다. 우리는 그저 순응하며 살아왔지만 우리 안의 또 다른 부분, 자기주장이 강하고 독립적으로 살고 싶었던 부분이 얘한테로 넘어

갔나 보다' 이런 식으로 나름의 의미를 부여해보세요. 살다 보면 꽤 맞는 말이기도 합니다. 보기 싫었던 아이의 어떤 모습이 사실은 부모 자신이 억눌렀던 모습이었음을 깨달을 때가 많거든요. '내가 억눌렀던 부분을 표출하고 살아도 큰 문제는 없네. 이런 모습도 은근히 매력 있네' 혹은 '역시나 그동안 억누르고 살길 잘했네. 내 부모라면 이런 모습을 절대 수용하지 못했을 거야'라는 생각, 어느 쪽으로 결론이 나든 아이의 모습을 통해 자신의 모습도 돌아보고 삶에 대한 관점을 넓히는 계기를 가질 수 있습니다.

자, 당장은 눈앞의 불을 꺼야겠지요. 방법은 아이와 부모의 기질을 조율하는 것입니다. 아이의 기질이 거슬린다고 "얘는 도대체 누굴 닮아서 이래?" 하면서 등 돌리며 초심을 잃을수록 상황은 점점 더 악화되니까요. 아무리 아이의 기질이 별나 보여도 어릴수록 부모의 조율은 언제나 효과를 냅니다. 그 나이 때는 아주 작은 것도 상벌로 작용하므로 아이의 행동을 조율하는 것이 엄청 고난도는 아닙니다. 가장 큰 문제는 부모의 심리적 저항이라고 생각합니다. 부모와 기질적 코드가 맞지 않는 아이는 그렇지 않은 아이에 비해 손이 더 가는데, 이때 부모는 '하지 않아도 될 일'까지 한다는 억울함을 느낄 수 있습니다. 둘째 아이가 고집이 아주 세서 매일 전쟁이 벌어지는 통에 기분이 좋지 않은 상황을 가정해볼까요. 첫째 아이가 순해서 키우기 쉬웠을수록 더 기분이 좋지 않을 것입니다. 순한 첫째를 키웠던 경험이 육아의 표준이 되어 있으니 고집 센 둘째를 키우는 건 '말도 안 되는, 내 사전에 없던' 일탈적 일로 다가오거든요. '그냥 평범하게 무난하게 크면 안 되는 거야?'라는 생각이 매번 들지요. 네, 그러면 좋았겠지만 이미 예상과 다른 일이 벌어졌으니 그만 속상해하고 빨리 해결책을 찾아야 합니다. 두 아이 모두 정상입니다. 그저 '정상 범위'가 좀 넓어졌을 뿐이지요.

어떻게 조율해야 할까요? 아이가 어떤 기질을 갖고 있든 행동 조율의 원칙은 같습니다. 첫째, 아이의 기질에 거부감을 보이지 말고 수용하기. 둘째, 바람직하지 않은 행동을 꾸짖기보다 바람직한 행동에 더 관심을 기울이고 칭찬 혹은 보상해주기. 이때 중요한 것은 어떤 것이 바람직한 행동인지 아이가 알게 하고, 그런 행동을 즉각적으로 보상해주는 것입니다. 예를 들어, 외향성이 매우 높은 아이가 잠시 가만히 앉아서 어떤 것에 집중한다면 "와, 우리 ○○가 이렇게 조용히 앉아서도 놀 수 있다니, 굉장히 멋진걸" 하며 특정 행동을 콕 짚어 칭찬해주는 것입니다. 따뜻하게 포옹하거나 어깨를 두드려주거나 환하게 웃어주면 더욱 좋겠지요. 물론 어떤 아이는 말이나 포옹보다는 초콜릿 한 개를 더 좋아할 수도 있겠지만요. 이는 행동 치료 중 바람직한 행동을 얻고자 하는 '행동 조형'의 가장 기본적 원리이기도 합니다.

마지막으로, 기질별로 유용한 관리 방법을 알아두면 도움이 될 것입니다. 예를 들어, 외향성이 아주 높은 아이라면 부모가 같이 놀아줄 수 있는 최대치의 한계를 정해 놀이 시간을 조정한다든지, 부모 중 아이의 기질에 더 가까운 쪽이 더 커버한다든지, 지나친 행동 과잉을 막기 위한 '생각 의자에 앉아 있기' 등의 방법을 써볼 수 있습니다. 조심해야 할 점은 전적으로 부모 편하자고 아이의 타고난 천성과 영혼의 색채를 흐리게 해서는 안 된다는 것입니다. 기질이 '정상 범위'에서 심하게 벗어나는 것 같을 때, 즉 아이의 행동으로 도처에서 불미스러운 일이 발생(혹은 예상)될 때가 개입의 기준이 됩니다.

'행동 조형'이 성공하려면 아이의 행동을 하루 종일 관찰하고 기록해봐야 합니다. 그래야 바람직한 행동이 나타나는 순간을 포착해 칭찬할 수 있으니까요. 맞벌이 부부라면 휴가를 내되 멀리 가거나 특별한 활동을 하기보다 그저 평범한 일과를 보내면서 맛있는 음식을 먹으며 아이를 꼼꼼히 관찰해보세요. 부모가 차분하게 지켜보면 아이가 왜 특정한 기분에 사로잡히고 과하게 행동하는지 인과성을 찾을 수 있을 것입니다. 놀랍게도 정말 많은 아이들이 배가 고프거나 춥다고 느끼거나 잠이 올 때 떼를 씁니다. 신체에서, 더 정확하게는 신경계에서 스멀스멀 올라오는 불편한 감각을 어쩌지 못해 나타나는 모습인데요. 이럴 때 부모가 무언가 지시하거나 명령하면 자신도 모르게 소리 지르고 반항하게 되겠지요. 즉, 아이가 부모를 힘들게 하려고 떼쓰는 게 아니라 불편감에 어쩔 줄 몰라 일종의 발악을 하는 것입니다. '떼쓰는 유전자'를 한 바가지 갖고 태어나서 그러는 게 아니라는 이야기입니다. 이 점만 염두에 두어도 희망이 보일 것입니다. 아울러 행동 조형은 아이가 차분한 상태일 때 시도해야 합니다. 아이가 지금 당장 어떤 것을 원하며 흥분한 상태일 때는 조율할 타이밍이 아닙니다.

아이가 좀 더 자라면 아이의 문제점을 소재로 다룬 동화책을 읽어주며, 스스로 깨닫게 하는 식으로 훨씬 편안한 육아가 가능해집니다. 그때까지는 힘들어도 부모가 온몸으로 관여할 수밖에 없습니다. 하지만 사실은 그렇게 힘든 시간도 정말 빨리 지나간답니다. 그래서 초심을 유지하는 것이 중요합니다. 지나고 보면 순식간에 지나가는 시간들이고 조금만 참았으면 되는데, 순간 방심해 초심을 잃어버리는 바람에 일이 커지는 경우가 참 많습니다.

부모의 심리적 문제

마지막으로 부모에게 심리적 문제가 있어 초심을 잃는 경우를 살펴보겠습니다. 바로 앞에서 본 '아이의 기질'이 아이로 인한 변수라면, '부모의 심리적 문제'는 부모로 인한 변수로, 현재 생활 즉 양육에까지 영향을 미치는 과거의 상처나 성격적 문제 등을 의미합니다. 이는 지금까지 살펴본 '욕망'과 '스트레스'에도 영향을 미칩니다. 과거에 해결되지 못한 상처와 그로 인해 형성된 성격은 특별한 욕망을 더 부추기고 동일한 스트레스에도 더 취약하게 만듭니다. 당연히 초심을 잃을 가능성도 더 높지요.

부모의 심리적 문제는 너무 큰 주제라 이 책에서 다 다룰 수는 없겠지만, 비단 '초심'의 측면에서뿐 아니라 부모 자신의 행복을 위해서도 반드시 정리해보시기 바랍니다. 물론 쉬운 일은 절대 아닙니다. 정리한다는 건 자신이 어떤 사람인지를 이해 혹은 자각하는 데서 끝나는 것이 아니라 올바른 방향으로 변화하는 것까지 포함되니까요.

요즘 유행하는 심리검사 MBTI와 관련해서도 '이해'와 '변화'의 격차를 많이 느낍니다. MBTI는 약식으로라도 한번 안 받아본 사람이 없을 정도로 유명하고 특히 커플 간에 나눌 얘깃거리가 많은 것 같습니다. 처음에는 "헐! 저 사람은 어떻게 저런 생각을 하지?" 하면서 충격을 받지요. 그러면서 조금은 상대방을 이해하게 됩니다. 이 정도만 해도 갈등이 있었던 커플 사이가 훨씬 좋아집니다. 모든 관계 회복의 첫 단계는 이해니까요. 하지만 이해를 넘어 변화로 이어지는 경우는 드문데, 이유를 물어보면 대부분 이렇게 대답합니다. "저는 파트너를 좀 더 이해하게 된 것 같고 그만큼 양보도 하는데 상대방은 저만큼 배려해주지 않는 것 같아요. 그래서 저도 변할 마음이 들지 않아요."

정신 수준이 비슷한 커플 사이에서는 '주고받음'의 균형이 맞지 않으면 확실히 변화의 동기를 갖기가 힘든 것 같습니다. 그렇다면 정신 수준의 격차가 있는 아이와의 관계에서는 어떨까요? 예를 들어, '내가' 지금 회사 일로 엄청 스트레스를 받았어요. 그래서 원래도 높았던 불안 수준이 더 높아졌어요. 그럼에도 이내 초심으로 돌아가 아이를 대하는 게 가능할까요? 다시 정리하자면, 부부 관계에서는 변화가 힘든 게 당연해 보이지만, 부모-자녀 관계에서는 상대적으로 더 어려울까요, 쉬울까요?

이 질문이 왜 중요하냐면, 부모 자신의 심리적 문제가 해결되기까지 아이가 잠시 성장을 멈추고 기다려주지는 않기 때문입니다. 부모는 '자기 문제' 때문에 울고 화내고 짜증 내지만 정신 수준이 낮은 아이는 그걸 이해하지 못하니 고스란히 영향받으며 자랍니다. 정신 수준이 비슷한 어른들조차 옆에서 누가 장기간 힘들어하면 덩달아 힘이 빠지고 살맛이 안 나는데 아이는 더하겠지요. 그러니 부모 자신의 문제가 해결되지 않은 상태에서도, 즉 부모가 힘들게 살고 있더라도 아이에게는 초심의 사랑을 줄 수 있겠는가 하는 질문을 드리는 것입니다.

여기서 해답을 제시하지는 않으려고 합니다. 3부 '사막에서도 꽃을 피우는 회심육아'에서 답을 찾아보시기 바랍니다. '회심부모'들은 모두 자신만의 심리적 문제를 갖고 있었으며 그 때문에 초심을 잃은 경우가 대부분이었습니다. 그들이 어떻게 자신의 힘듦에도 불구하고 초심으로 돌아갈 수 있었는지 확인해보세요.

안정 애착을 만드는 초심육아

'안정 애착'은 '초심육아'로 얻을 수 있는 수많은 혜택 중에서도 단연 으뜸일 것입니다. 이는 '아이는 즐겁고 부모는 편안한 삶'을 만드는 일등 공신이기도 합니다. 안정 애착이 아이에게 꼭 필요한 건 알겠는데 부모의 편안한 삶과는 어떤 관련이 있을까요? 안정 애착이 아이의 평생에 걸쳐 성공적인 발달의 토대가 되기 때문입니다. 애착은 아이의 연속적인 발달 성공에 '도미노 효과'를 일으키는 트리거trigger로 작용합니다. 도미노 게임을 해보셨다면 트리거가 되는 첫 패의 위치를 잘 선정하면 이후에는 손 놓고 보기만 해도 된다는 것을 아실 것입니다. 마찬가지로, 안정 애착이라는 첫 단추를 잘 꿰면 이후의 발달 과정은 큰 힘 들이지 않고도 무탈하게 잘 굴러갑니다. 이토록 중요한 안정 애착, 초심을 유지하는 한 어렵지 않게 만들 수 있습니다.

알고 보면 울컥하는 애착 이야기

애착, 너무 많이 들어서 이제는 지겨울 만도 한 개념이지만, 어린 시절에 형성된 애착이 아이의 평생에 걸친 안정적인 성장을 좌지우지하기 때문에 수십 번을 더 들더라도 그 중요성을 다시 새길 필요가 있습니다. 심리학자들은 부모와 '안정적으로' 애착이 형성된 아이가 '안정적인' 성인이 되고, 부모가 되어서도 자녀를 '안정적으로' 키운다는 사실, 더 나아가 이런 패턴이 다시 손주 세대까지 이어진다는 사실을 발견했습니다. 어린 시절 3년만 잘 투자(?)하면 30년 후, 이어서 또 30년 후까지도 안정적인 삶을 보장한다는 것이니 세계 최고, 아니 우주 최강의 보험인 셈입니다.

애착에 대해서는 잘 아시겠지만 그래도 한번 복습해볼까요? 애착이란 '자신이 소중히 여기는 사람에 대한 강하고 지속적인 유대감'을 의미하며, 세 가지 유형이 있습니다. 부모에게 안정감을 느끼고 긍정적으로 상호작용을 하는 '안정 애착', 부모와의 상호작용을 별로 원하지 않고 마치 혼자 있는 걸 좋아하는 것처럼 보이는 '회피 애착', 부모를 애타게 찾지만 막상 같이 있으면 그다지 달가워하지 않는 것처럼 보이는 '불안 및 양가 애착.'

그런데 좀 이상하다는 생각이 들지 않으세요? 애착 자체의 뜻이 '자신이 소중히 여기는 사람에 대한 유대감'이라면서 '부모와의 상호작용을 원치 않는다'고 하지 않나, '같이 있어도 달가워하지 않는다'고 하지 않나, 모순되는 이야기를 하고 있으니 말이에요. 왜 그럴까요?

애착의 원래 의미는 '안정 애착'의 그 의미가 맞습니다. 그런데도 '불안정형' 애착을 포함하는 것, 즉 이런 애착 유형도 애착으로 보는 것은, 그래도 아이들은 부모 옆에 '붙어 있으려'(붙을 착着) 하기 때문이에요. 즉, 부모와 유대하고 싶어 하고 또 그럴 수밖에 없으니까요. 무슨 사정으로 부모와의 상호작용을 별로 원하지 않고 혼자 있는 걸 좋아하며 부모와 같이 있는 것을 달가워하지 않게 되었는지 몰라도, 아이에게는 부모 옆에 '붙어 있는' 것 말고 다른 방법이 없습니다. 아이가 혼자 살 수는 없잖아요. 어쩌면 진실은 이것이겠지요. 부모와 같이 있는 것을 원하지 않는 것처럼 '보일' 뿐, 사실은 부모와 같이 있는 것을 원할 거예요. 하지만 '부모가 (자꾸 화내는 걸 보니) 나를 좋아하지 않는 것 같고, (자꾸 강요하고 불친절하니) 부모와 있으면 불편해서' 불안한 모습으로 옆에 붙어 있는 것이지요.

참 울컥하게 되는 이야기가 아닐 수 없습니다. 세상의 수많은 관계와 달리, 엄마의 배 속에서 나와 부모가 그 생명의 시작을 직접 목격하며 만나게 된 소중한 아이가 부모에게 '불안'이나 '회피' 애착이 되었다면 아이도 부모도 둘 다 가엾지요. 일부러 이런 애착을 만든 부모가 어디 있겠습니까? 힘들게 살다 보니 '자신도 모르게' 벌어지는 일이지요.

'안정 애착'은 사실 육아의 근본적인 목표라고 할 수 있습니다. 어렸을 때 형성된 애착의 모습이 아이의 인생 내내 영향을 미치기 때문입니다. 임상심리전문가 수련 시절 '애착' 특강을 오신 외부 정신과(지금은 정신건강의학과) 교수님이 들려주신 이야기가 기억납니다. 인턴(수련의) 중에 인사를 꼬박꼬박 잘하는 사람이 있는가 하면 인사도 하지 않고 황망히 피해가는 사람이 있는데, 어느 날 신경과 교수 친구와 복도를 지나가다가 그런 인턴을 봤다고 합니다. 신경과 교수가 혀를 끌끌 차며 "재 왜 저래? 가정교육도 못 받았나?"라고 해서 당신은 이렇게 말했다는군요. "애착이 안 돼서 그래. 인사도 못하고 가는 본인은 얼마나 힘들겠어?" 그랬더니 신경과 교수가 이렇게 받더랍니다. "하여간 누가 정신과 의사 아니랄까 봐. 애착은 가정교육 아니야?"

강연을 듣던 사람들이 모두 웃으면서 다음 주제로 넘어가는 바람에 당시 '애착이 가정교육인가?'에 대한 이야기는 더 이상 진행되지 않았지만, 지금 한번 생각해보면 어떨까요? 일단 어른에게 인사를 잘 안 한다면 가정교육이 부실했을 가능성이 있긴 합니다. 하지만 인사를 잘한다고 반드시 애착이 잘 되었다 말할 수도 없지요. 애착이 잘 안 되었어도 예절 교육은 엄격하게 시킬 수 있으니까요. 자, 그렇다면 '애착이 잘 안 되었다'면 가정교육이 부실했다고 할 수 있을까요? '교육'이라는 개념으로 좁혀보면 연결이 어색해 보이지만 '부모가 해주었어야 할 일을 충분히 해주지 못했다'고 생각해볼 수는 있겠습니다. 어쨌든 애착은 어렸을 때 가정에서 처음으로 이루어지니까요.

의대를 졸업하고 대학병원 인턴까지 되었다면 무슨 걱정이 있을까 싶잖아요? 하지만 어렸을 때 안정 애착이 되지 않았다면 그 나이가 되어서도 누군가로부터 '가정교육을 못 받은 것 같다'는 말을 들을 수 있을 정도로 결국에는 그 영향이 드러난다는 것이지요. 정신과 교수님이 머리로는 그 인턴이 '애착이 잘 안 되어서 그렇다'라고 이해했더라도 선뜻 정신과 전공의로 뽑기란 쉽지 않았을 겁니다. 공부를 잘하는 것과 애착이 잘 되었다는 건 전혀 다른 이야기라는 말인데요. 그러니 우리나라 부모들이 '공부! 공부!' 하기에 앞서 먼저 안정적인 애착을 만드는 데 더 신경을 써야 하겠습니다. 부모가 공부를 중시하는 이유도 결국은 미래의 성공을 위해서인데, 잠도 못 자면서 준비한 '성공'이 '인사를 안 한다'든지 '얼굴이 이상하게 어두워 보인다' 같은 하찮은(?) 변수로 인해 방해받으면 너무 억울하잖아요.

어린 시절의 안정 애착이 성인이 되어서도 영향을 미친다는 건 과학적 연구나 전문가의 말을 빌리지 않더라도, 얼추 생각만 해봐도 납득이 됩니다. 애착의 결정적 시기로 흔히 생후 3년을 말하는데, 이때를 지나 안정 애착이 형성된 아이는 어떤 모습일까요? 잘 웃고 예의 바르면서도 용감합니다. 이런 아이가 어린이집이나 유치원에 가면 어떨까요? 친구와 교사의 애정을 듬뿍 받겠지요. 그렇게 사회생활의 첫 단계를 행복하고 만족스럽게 보낸 아이들은 이때의 경험치가 쌓여 이후의 단계, 즉 학령기도 잘 보낼 것입니다. 그러면 또 만족감이 증가하고 통제력도 생겨 성인기에도 잘 진입하겠지요.

물론 이런 패턴이 생애 내내 직선형으로만 쭉 나타나는 건 아닙니다. 특히 학교 성적을 중시하는 우리나라에서는 어렸을 때 애착이 잘 되었어도 초·중·고 때 성적이 좀 나쁘면 자존감이 일시적으로 떨어질 수 있습니다. 운이 나빠 폭력성이 높은 친구들을 만나서 자신의 안정적인 기질에 대해 오히려 '재수 없다', '너무 튄다'는 식으로 부정적인 피드백을 받으면 정체성의 혼란을 경험할 수도 있고요. 하지만 제가 상담실에서 본 바로는, 안정 애착이 형성된 사람들은 초·중·고 때 잠시 그런 혼란스러운 시간을 보내더라도 성인이 되면 다시 활짝 피어납니다. 고만고만한 또래가 모여 있는 초·중·고 때와 달리, 보다 성숙하고 안정적인 사람들과 접촉할 기회가 늘어나면 그 빛나는 장점이 유감없이 발휘되며 이후로는 좀처럼 흔들리지 않습니다. 이토록 중요한 애착, 부모 자신도 모르는 사이에 불안정하게 형성될 수 있지만, 초심을 유지하는 한 늘 아이의 상태를 민감하게 살피기 때문에 애착 형성을 놓칠 일이 없을 것입니다.

애착이 생각보다 어려운 이유

애착을 식물의 세계에 비유해보자면, 흙에 뿌려진 씨가 뿌리를 내리고 새싹을 틔우는 것이라 할 수 있습니다. 식물이 자라는 데 필요한 조건, 이를테면 흙과 물, 공기와 햇볕 등이 충분할 때 씨의 생각을 의인화해 본다면 이런 내용일 것입니다. '아주 좋네. 여기 정착해야겠군. 자, 뿌리를 내리고 싹을 틔우자.'

자, 이번엔 아이의 입장에서 생각해보지요. 자신이 성장하는 데 필요한 조건, 이를테면 충분한 의식주가 제공되는 안전한 환경과 자애롭고 친절한 부모를 만나면 이렇게 판단할 것입니다. '이 집 사람들 아주 좋네. 제대로 찾아왔군. 자, 애착 시작, 발달 고고!' 이렇게 보면 아이가 어릴 때는 부모는 무조건 다정하고 볼 일이다 싶어요. 다정하고 온화하며 자신에게 잘 반응해주는 부모일수록 아이가 '애착 시작'을 결심할 가능성이 커지겠지요. 실제로 아이가 어릴 때는 대부분의 부모가 다정하기도 하고요.

그런데 아이와 식물은 다른 점이 있습니다. 식물은 초기 환경만 맞으면 이후에는 불평 한마디 없이 묵묵히 자랍니다. 주인이 물을 적게 주든 애정으로 살피지 않든 상관없이 자신의 성장을 이루어냅니다. 심지어 잠시 시들어 보여도 이후에 적절한 조건이 주어지면 다시 싹을 틔우기도 하지요. 물론 이런 이야기는 꽤나 억지스럽긴 합니다. 식물의 주인이 사람이라는 건 지나치게 인간 중심적 사고니까요. 식물이 주인으로 삼을 만한 대상은 해sun라고 해야겠지요. 항상 해 쪽으로 향하는 모습이 마치 엄마만 찾는 아이 같습니다. 어쨌거나 아이의 주인을 부모라 상정하는 것은 그나마 자연스러우니 계속 이야기를 이어가 보겠습니다.

식물과 달리 아이는 주인, 즉 부모가 음식을 적게 주면 당장 허약해지고 애정으로 살피지 않으면 즉시 빗나가기 시작합니다. 아이는 식물과 달리 뇌를 갖고 있고 또 스스로 움직일 수 있어서 그렇습니다. 이 뇌는 매 순간 판단하고 조율하며, 특히 부모가 잘해주지 않으면 아주 잘 기억해놓습니다. 이런 기억이 '역치'를 넘어서면 상당히 진지한 판단을 내립니다. '이 집에 제대로 온 거 맞나? 잘못 온 것 같은데? 어쩌지? 연을 끊어야겠네.'

하지만 아직 스스로 벌어먹지 못하니 아이가 금방 연을 끊지는 않습니다. 대신 마치 연을 끊은 것 같은 모습을 보이지요. 부모에 대한 서운함에 애정이 아직 많이 섞여 있으면 '불안 및 양가 애착'의 모습을, 서운함이 훨씬 크면 '회피 애착'의 모습을 보입니다. 반항하기 시작하고 떼가 늘고 부모에게서 멀어지려는 등의 행동을 보입니다. 움직일 수 있으니까요.

문제는 아이의 뇌가 아직 미숙해 수시로 잘못 판단한다는 점입니다. 부모가 정말 의식주를 제공하지 않고 학대한다면 '연을 끊어야겠다'는 아이 뇌의 판단은 당연히 옳지만, 오해에서 비롯된 상황임에도 이런 판단을 할 수 있거든요. 앞에서 보았듯이 자신이 늘 쓰던 젖병이 아니면 거부하는 것처럼요. 이런 상황 때문에 애착은 어려운 일이 되고 맙니다. 인간으로서 최고의 적응을 위해 갖추고 태어난 뇌가 오히려 애착을 어렵게 하는 요인이 될 수도 있다니, 참 아이러니합니다. 부모가 수시로 아이와 조율해야 하는 이유이기도 하고요.

역치는 '다행스러움'과 '아슬아슬함'의 의미를 다 갖고 있습니다. 역치를 넘어서지 않는 한 아이가 금방 불안정한 애착 상태가 되지는 않는다는 것, 다시 말해 부모가 잠시 초심을 잃어도 역치를 넘지 않는 한 얼마든지 다시 기회가 있다는 것은 '다행스러움'의 측면입니다. 그러니 너무 '완벽한' 부모가 되고자 부담을 느낄 필요는 없습니다. 물론 가능하지도 않고요. 반면, 역치를 넘는 순간 순식간에 아이가 삶의 의욕을 잃고 혼란스러운 상태로 변하는 건 '아슬아슬함'의 측면입니다.

혹시라도 지금 아이가 안정 애착 상태가 아니다 싶다면 어떻게 하면 좋을까요? 우선은 너무 자책하지 말기 바랍니다. 애착 연구를 보면 '평범해 보이는' 가정에서 자랐음에도 안정형 애착 비율이 50퍼센트대 수준으로 나옵니다. 안정 애착을 형성하기가 생각보다 더 어렵다는 말입니다. 무엇보다 안정 애착을 형성하는 데 부모 요인이 100퍼센트 작용하는 것도 아닙니다. 여러 가지 변수가 있고, 노련한 심리학자조차 그런 변수를 다 알아낼 수는 없습니다. 솔직히 자신이 완벽한 돌봄을 받았다고 말할 수 있는 사람이 얼마나 될까요? 부모가 아무리 훌륭하고 최선을 다해도 아이의 마음에는 빈틈이 생길 수밖에 없습니다. 오죽하면 '발달 트라우마'라는 개념이 있겠어요. 완벽한 가정과 부모

밑에서 성장한다는 것 자체가 불가능하므로 성장 과정에서 상처를 받는 것 또한 불가피하고, 결국 이 상처가 각자의 트라우마로 남는다는 뜻입니다. 트라우마란 개념은 대단히 고통스러운 감정을 내포하고 있는데, 비극적인 큰 사건이 일어난 것이 아님에도 발달 과정에 그런 감정을 겪을 수 있다고 하니, 육아, 정말 쉬운 일이 아니지요. 그러니 너무 부담 갖지 않도록 합시다. 앞에서 안정 애착 비율이 50퍼센트대 수준이라고 했는데, 수치를 액면 그대로 해석한다면 5 대 5라는 뜻이니 '다른 집은 다 안정 애착인데 우리 집만 왜 이래?' 이렇게 속상해할 필요는 없다는 말입니다.

그렇다고 해결할 필요가 없다는 건 아닙니다. 부모가 인식할 수 있고 조율할 수 있는 부분에서만큼은 아이와 어긋나지 않도록 노력해야 합니다. 초심을 지키지 못해 1차 애착이 성공적으로 이루어지지 못했더라도 아이는 또 다른 방법을 찾아내 2차 애착을 시도하거나 그것도 안 되면 대체 적응을 해냅니다. 물론 1차 애착이 성공했다면 겪지 않았을 힘듦은 당연히 감수해야겠지요. 어쨌든 제2의 적응 과정에서도 부모는 여전히 아이에게 해줄 게 너무 많습니다. 아이가 부모에게 밉다느니 실망했다느니, 별말을 다 해도 죽을 때까지 부모의 사랑을 바라는 건 변하지 않거든요. 저는 상담실을 찾는 부모님들께 늘 "뒤늦은 사랑은 결코 없다"고 말씀드립니다. 일찌감치 사랑을 충분히 주었다면 참 좋았겠지만 늦었다 싶을 때 주어도 그 효과는 정말 엄청나거든요.

끝내 안 주는 게 문제지요. 뒤늦은 사랑이라도 주는 방법에 대해서는 3부 '사막에서도 꽃을 피우는 회심육아' 편에서 좀 더 자세히 다루겠습니다.

애착, 도대체 어떻게 해주는 건데요?

이쯤 되면 부모의 하소연이 들리는 듯합니다. "애착의 중요성도 알고, 늘 아이를 사랑하려 애쓰고 있다고요. 그런데 뭘 더 하라는 말입니까? 그리고 부모는 정말 최선을 다하는데 왜 애착이 불안정하게 형성되는 거죠?" 애착이 부모의 사랑과 관심을 토대로 본능 차원에서 형성되는 건 맞지만, 약간의 과학은 필요합니다.

우선 '젖병 이야기'에서 말했듯, 부모가 주려는 사랑과 아이가 원하는 사랑이 같은 수준, 혹은 같은 차원인지 생각해봐야 합니다.

다음으로 아이가 부모를 믿고 사랑할 만한 존재로 각인하려면 부모가 어떤 모습으로, 어떤 행동을 해야 하는지 생각해봐야 합니다. 각자의 연애 시절을 떠올려보면 답을 찾기 쉬울 것입니다. 첫째, 최대한 같이 붙어 있으려 하지요. 헤어지기 아쉬워 늦게까지 붙어 있다가 상대방 집까지 바래다주고 부랴부랴 택시 타고 들어오는 바람에 연애 초반에는 택시비도 엄청 나오고요. 둘째, 같이 있으면 안심되고 편하지요.

그러니까 자꾸 붙어 있으려는 거고요. 셋째, 상대방이 좋아하는 것을 민감하게 살펴 자신을 좀 희생해서라도 맞춰주려 애쓰지요. 경제적 희생이든 시간적 희생이든 말입니다. 또 상대방의 언행에 즉각적으로 반응해주지요. 오죽하면 카톡 답장을 좀 늦게 했다고 애정이 식었네 아니네 싸우겠어요. 그만큼 상대의 반응에 민감하면서 자신 역시 즉각적으로 반응하는 것은 애정 전선의 바로미터이기도 합니다.

사이좋은 연인에게서 볼 수 있는 이 세 가지 모습이 부모-자녀 간에도 견고한 애착을 형성하는 조건의 다라고 할 수 있습니다. 전문용어로 바꾸면 '근접성(일관성)' '안전성' '민감성 및 반응성'입니다. 따라서 불안정 애착이 염려된다면 아이에게 지금 이 세 가지 조건을 충족시켜 주고 있는지 먼저 살펴봐야 합니다.

근접성(일관성)

애착의 바탕이 되는 기본 정서는 '신뢰감'입니다. 믿을 수 있어야 마음을 붙일 테니까요. 그리고 이 신뢰감의 핵심 조건은 아이 옆에 '누가' 가까이 있어주는 것입니다. 그래야 사랑과 돌봄을 지속적이고 일관성 있게 받을 수 있습니다. 몸에서 멀어지면 마음도 멀어진다고 하잖아요. 일단 (엄마가) 보이고 들리고 만질 수 있어야 아기는 엄마를, 더 나아가 세상을 안심하고 믿을 수 있습니다.

원칙으로만 본다면 아이 입장에서는 엄마가 떨어져 있으면 안 됩니다. 아이가 원할 때 엄마가 즉시 함께해줘야 하니까요. 원칙은 그렇다지만 현실적으로 대부분 맞벌이하는 오늘날 가정에서는 어떻게 근접성을 충족할 수 있을까요? 첫째, 할 수 있는 한 최대한 아이 옆에 있어주세요. 출산 후 양육자가 최대한 복직을 늦게 하는 것도 한 가지 방법이 되겠지요. 한 달, 두 달, 여섯 달 복직을 늦출수록 아이는 유대감을 많이 느낄 수 있어 애착의 강도도 그만큼 커집니다. 둘째, 아이와 떨어져 있더라도 최대한 빨리 다시 와주세요. 셋째, 근접성이 어렵다면 규칙성이라도 지키세요. 24시간 내내가 아니더라도 양육자가 규칙적으로만 옆에 있어준다면 애착 형성에는 큰 문제 없습니다. 일정한 시간에 나타나서(퇴근), 일정한 시간 동안 같이 놀아주기만 해도 아이는 '규칙적인' 근접성을 이해합니다. 해가 구름에 가려 보였다 안 보였다 해도 그 존재를 의심하지 않듯, 엄마가 문 뒤로 사라져 있다 없다 해도 일정한 시간 동안이라도 옆에 있으면 엄마는 '내' 곁에 있는 것이니까요.

영민한 강아지가 주인이 퇴근할 무렵이면 현관문 앞에 꼬리를 흔들며 서 있듯, 아이 또한 부모의 퇴근 시간을 알고 기다립니다. 제 아이도 돌이 지나자마자 제가 퇴근하기 한 시간 전부터 유독 현관문 쪽에서 서성이고 화장실을 들락날락했습니다. 낮에 '없었던' 엄마의 존재를 온몸으로 받아들일 준비를 했던 것이지요. 그런데 만약 엄마가 평소보다 두 시간이 지나도 안 온다면, 매일 다른 시간에 온다면, 심지어 어떤 날에는 자기가 잠들 때까지도 안 온다면, 아이의 뇌에 근접성 패턴이 형성되기 어렵습니다. 그러면 애착 형성도 더디겠지요.

안전성

누군가를 믿고 따르려면 단순히 곁에 가까이 있는 것만이 아니라 같이 있을 때 안전해야겠지요. 생후 5~6개월부터 보이는 낯가림은 아기가 본능적으로 안전을 추구한다는 것을 보여줍니다. 가까이 있긴 하지만 수시로 욕하고 심지어 때리기까지 하는 등 안전감을 제공하지 않는다면 최악의 애착 유형으로 가게 됩니다. 《애착 효과》에서 피터 로번하임은 안전성을 '안전기지'와 '안전한 피난처'로 세분화했습니다. 아이가 안심하고 이것저것 시도하며 신나게 놀면서 세상을 탐색하는 건 '안전기지(부모)'가 있기 때문이고, 놀다가도 무서움을 느끼면 달려오는 건 '안전한 피난처(부모)'가 있기 때문입니다. 아이가 어릴 때는 안전기지와 피난처가 즉각 '실제로' 제공되어야 안심하지만 조금씩 나이가 들면서는 '정신적 개념'으로 대체될 수 있습니다. 이에 대해서는 이어지는 '애착의 도미노 효과'에서 다시 살펴보겠지만, 정신적 개념으로 대체될 때까지는 반드시 실제적 접촉이 항상 있어야 합니다.

민감성 및 반응성

근접성이 아이 옆에 있어주는 것이라면 민감성 및 반응성이란 아이가 원하는 것을 민감하게 알아차리고 즉각적으로 제공 혹은 해소해 주는 것입니다. '배고픈가 보네, 분유 줘야지', '기저귀가 축축하네, 얼른 갈아줘야지', '놀랐나 보네, 안아서 달래줘야지' 하는 식으로, 모든 부모가 일상적으로 이미 하고 있는 일이기도 하지요. 더 정확하게 설명한다면, 아기가 보내는 '신호'를 제대로 읽고 최대한 빨리 반응해주는 것을 말합니다. 아기가 배고프고 축축하고 놀랐을 때 불편한 감정을 느끼더라도, (누군가의 도움으로) 금방 그 감정이 해소되는 패턴이 쌓이다 보면 아기는 큰 불안 없이 즐겁게 성장할 뿐 아니라 세상에 대한 통제감도 서서히 갖게 됩니다. 이때 아기의 생각을 표현해본다면 이런 내용일 것입니다. '오호! 이거 살아볼 만하네.'

민감성 및 반응성도 사실은 근접성이 수반되어야 온전히 충족되는 건 맞습니다. 부득이하게 근접성을 채워주지 못한다면, 앞에서 말했듯 규칙적으로라도 아이의 욕구를 민감하게 살피고 해소해줘야 합니다. 예를 들어, 낮에 엄마와 떨어져 아이의 욕구가 무시되거나 즉각적으로 해소되지 못해도 저녁에는 반드시 엄마가 옆에 있으면서 알아주고 해결해준다면 그날 하루치의 민감성 및 반응성은 어느 정도 채워진다고 할 수 있습니다. 사탕 세 개를 먹고 싶었는데 한 개밖에 못 먹었다면, 충족감은 당연히 떨어질 수밖에 없지만 그래도 먹은 거니까요. 주말에 세 개를 먹게 해주는 식으로 보충해주면 아이도 그 법칙성을 내재화합니다. 따라서 애착 형성에 절대로 문제 되지 않습니다. 이 또한 울컥하게 되는 이야기입니다만, 부모가 상황에 맞춰 최대한 진정성 있게 사랑하는 한, 아이도 부모 마음을 다 헤아린답니다. 아이는 아마도 이런 결론을 내릴 것입니다. '어휴, 주중에는 좀 외롭지만 할 수 없지. 대신 주말에는 공주(왕자)처럼 살 수 있으니까 참지 뭐.' '항상' 옆에 있어주지 못하더라도 같이 있을 때 민감하게 반응해주고 기분 좋게 해주기. 바쁜 부모일수록 꼭 기억하시기 바랍니다.

애착 자기평가

지금까지 근접성, 안전성, 민감성 및 반응성에 대해 살펴보았는데요. 하지만 여전히 아이에게 이런 조건이 충족되고 있는지 확신이 없다면 아래 자기평가를 해보시기 바랍니다. 코넬대학의 신디 헤이전이 만든 WHOTO 척도를 참고, 변형해 만들었습니다.

(a) 아이가 가장 멀어지기 싫은 사람으로 누구를 뽑을까?

(b) 아이가 불안할 때 가장 먼저 누구를 찾을까?

(c) 아이가 원하는 것이 있을 때 누구에게 가장 먼저 요구할까?

(a)는 근접성, (b)는 안전성, (c)는 민감성 및 반응성을 평가하는 문항입니다. 대부분의 아이가 엄마를 뽑겠지만 아빠, 할머니, 이모, 그 외 누구든 누군가는 반드시 아이 옆에서 이 욕구를 충족시켜주어야 합니

다. 그렇더라도 애착에는 우선순위가 있기 마련입니다. 보통 엄마, 아빠, 그리고 다른 가족 구성원 순이지요. 엄마에게만 육아의 짐을 지우려는 이야기가 아니며 가족 중 누구라도 육아를 할 수 있다는 점을 다시 한번 강조합니다. 하지만 자신을 배 속에 품고 있었던 존재인 엄마, 그리고 생물적으로 연결된 아빠에게 우선적으로 애착하고자 하는 것은 자연의 순리입니다.

따라서 부모가 아이를 키우고 있는데도 아이가 부모 아닌 다른 사람을 더 따르고 달라붙는다면, 과연 아이가 정말로 행복해하고 편안한 상태인지 헤아려봐야 합니다. 어쩌면 아이는 부모에게 충분히 마음을 두지 못해 대체 대상에 애착하고 있는지도 모릅니다. '꿩 대신 닭'인 것이지요. 누가 꿩이고 닭인지는 아시겠지요? 적당한 대상이 없을 때 그와 비슷한 것으로 대신하는 경우를 비유적으로 이르는 이 말에 대해, 조항범의 《정말 궁금한 우리말 100가지》에 닭의 입장에서 재미있게 표현한 내용이 있습니다. "닭으로서는 대단히 섭섭한 일이나 꿩보다 나은 점이 없으니 어쩔 수 없다"고요. 낮에 일하러 간 엄마를 대신해 하루 종일 아이를 봐준 할머니가 이렇게 말하는 걸 많이 들으셨을 겁니다. "낮에는 나만 찾더니 엄마만 오면 찰싹 붙어서 나는 쳐다보지도 않잖아. 다 헛일이라니까." 말은 그렇게 하지만 사랑이 듬뿍 담긴 미소로 아이를 흘겨보는 건, 당신이 아무리 잘해줘도 아이에게는 엄마 아빠가 최고라는 걸 알기 때문이지요. 때로는 정말 섭섭하실 수도 있습니다. 하지만 '꿩'보다 나은 점이 없으니 어쩔 수 없는 겁니다. 엄마가 할머니보다 무얼 잘해서 나은 게 아니라 생물적 연결성이 커서 그런 것이지요. 이 연결성이 얼마나 큰지 시간의 법칙을 뛰어넘을 정도입니다. 다른 사람이 하루 종일 옆에서 양껏 시간을 주었어도 저녁에 부모가 오면 아이는 단박에 그쪽으로 가거든요. 앞에서 '근접성'을 제공하기 힘들어도 '규칙성'이라도 지키면 애착 형성에 문제가 없다고 한 것도 바로 이 생물적 연결성의 힘 때문입니다.

아이가 할머니 등 대체 대상에게라도 안정 애착이 형성되었다면 정말 안심입니다. 다만 이 '안심'이 끝까지 갈지는 두고 봐야 합니다. 육아휴직 후 친정어머니에게 아이를 맡기고 바로 복직한 내담자가 있었습니다. 할머니가 아이만 잘 봐주시는 게 아니라 살림까지 맡아 해주셔서 내담자는 아무 걱정 없이 일할 수 있었습니다. 심지어 퇴근 후에도 "내일 또 출근해야 하니 아이는 내가 데리고 자마"라며 엄마의 편의를 봐주시는 바람에 '이 정도면 아이를 몇 명이라도 더 낳겠네' 하며 행복해했지요. 하지만 그렇게 1년여가 지난 후부터는 엄마가 퇴근해도 아이가 전혀 반기지 않고 할머니만 찾고 심지어 할머니가 외출이라도 할라치면 거세게 울면서 못 나가게 했습니다. 그 모습을 보며 엄마는 자신이 육아를 잘못하는 것 같아 크게 불안해지기 시작했습니다. 다행히 더 늦기 전에 발견해 금방 해결되었지만, 자칫 아이는 안정 애착 형성에 허점이 생기고 엄마는 엄마대로 참 허무한 삶을 살 뻔했습니다. 자식이 엄마에게 달라붙고 잠도 못 자게 하면서 놀아달라고 칭얼대면 당연히 피곤하고 힘들지만 그런 일이 전혀 없다면, 아이가 아예 없다면 모를까 과연 행복할까요?

'안정 애착의 허점'이란 대체 애착 대상의 부재不在 가능성을 염두에 둔 개념입니다. 대부분 할머니가 엄마보다 먼저 돌아가시니까요. 아이가 충분히 성장한 후 이런 일이 발생해도 마음이 엄청 힘들겠지만 아직 채 발달되지 않았을 때 이런 일을 겪으면 슬픔에 혼란감까지 더해집니다. 갑자기 마음 붙일 데가 없어진 느낌, 그동안 데면데면했던 엄마와 다시 애착해야 하는 불편감을 겪을 수 있습니다.

이야기가 좀 길어졌는데요. 아이의 시각에서 부모와 주변 어른들을 어떻게 바라볼까 생각해보면, 안정 애착을 형성하는 과정에서 부모가 놓치고 있는 부분을 찾을 수 있습니다. 그런 부분을 발견하게 되면 또 속상할 수 있지만, 안정 애착을 이루는 과정이라는 게 부족한 부분이나 허점이 절대로 없는 게 아님을 기억하고 거기서 다시 시작하면 됩니다. 애착 과정에서 구멍이나 틈이 아예 없다는 건 애초에 불가능하며, 그 틈을 회복하는 것이 더 중요합니다. 틈을 회복하려는 부모의 노력은 반드시 결실을 맺습니다. 누구보다도 아이가 자기 마음의 구멍이 채워지고 부모와의 틈이 메워지기를 간절히 원하기 때문이지요.

애착의 도미노 효과: 연속적인 발달 성공

여기까지 읽다 보면 안정 애착을 위해 부모가 신경 쓸 게 참 많다는 생각이 들 수 있습니다. 하지만 힘들게 지켜낸 이 애착이 아이와 부모의 행복하고 건강한 삶을 보장하는 열쇠이므로 심혈을 기울일 만합니다. 이 장의 도입부에서도 이야기했듯 애착이 아이의 연속적인 발달 성공에 '도미노 효과'를 일으키는 기폭제가 되기 때문입니다. '발달 성공'이라는 표현을 쓴 것은 자연적인 '발달 과정'과 차별을 두기 위해서입니다. 모든 아이는 생물적 성장 법칙에 따라 나이가 들면서 자연스럽게 발달 과정을 따릅니다. 애착이 불안정하게 형성되었어도 발달은 진행된다는 의미입니다. 하지만 그런 발달은 기반이 불안하니 문제가 생길 때마다 들썩들썩 흔들리지요. 반면, 안정 애착에 '성공'했다면 다음 단계의 발달 또한 탄탄하게 이루어지고 그다음 단계의 발달도 마찬가지입니다. 제가 말하는 '발달 성공'은 '성글지 않고 탄탄하게 발달되었다'는 의미입니다. 성김이 전혀 없는 완벽한 발달은 당연히 불가능하겠지만 최대한 그 성김을 줄여볼 수는 있습니다.

안정 애착의 도미노 효과에 따른 초기 발달 성공에는 어떤 것이 있을까요? 우선 긍정적인 '자기감sense of self'을 갖게 됩니다. 말로 표현은 못해도 자신의 욕구나 불편감이 일관되게 해소되면 자신에 대해 긍정적으로 생각하게 되겠지요. 갓난아이는 자기에 대한 개념이 없기 때문에 처음에는 자기대상(자기를 반영해주는 외부 대상), 즉 엄마를 통해 자기감을 발달시킵니다. 이 '엄마'라는 대상은 늘 웃으면서 나타나 슈퍼히어로처럼 이것저것 해결해주니 아기는 이렇게 받아들일 거예요. '이 아름다운 사람이 이렇게 나에게 잘해주는 걸 보니 날 참 좋아하나 봐. 나는 중요한 사람임에 틀림없어.' 그래서 안정 애착이 된 아이는 자기가 사랑받는다는 것을 아는 특유의 표정을 짓습니다. 매일매일 설렘과 흥분으로 가득 차 눈을 반짝이고 뺨은 홍조로 물들어 있지요. 잘 웃는 건 기본이고요.

안정적인 자기대상을 통해 긍정적인 자기감이 형성되면 아이는 '대상영속성'이라는 아주 중요한 사고 기능을 발달시킵니다. 대상영속성이란 특정 대상이 보이지 않아도(옆에 없어도) 계속 존재함을 안다는 의미입니다. 보이지 않아도 존재한다? 어디에 존재한다는 걸까요? 아이의 뇌 속, 즉 생각에 있겠지요. 6개월 정도 된 아이가 강아지 인형을 보고 있는데 엄마가 인형을 수건으로 덮는다면 어떨까요? 아이는 잠시 멍한 표정을 짓다 이내 다른 데로 고개를 돌리지요. 계속 그쪽을 쳐다보며 고개를 갸웃거린다면 분명 천재일 것입니다. 그러다가 10개월쯤 지나면 기어가서 수건을 벗겨요. 그러고는 엄마를 쳐다보며 씩 웃습니다. '내가 모를 줄 알았어요? 여기 숨겨놓은 거 다 알아요.' 이런 의미지요. 부모는 아이가 그럴 때마다 엔도르핀이 치솟아 물개 박수를 치며 기뻐합니다. 아이는 더 신나하고요. 이런 능력이 쌓여 숨바꼭

질까지 하게 됩니다. 물론 대상영속성이 완전하게 발달하려면 더 많은 시간이 필요합니다. 엄마 아빠가 문 뒤에 잠시 숨는 수준이 아니라 몇 시간 동안 안 보여도 (이 세상에) '존재'한다는 것을 알 만큼 탄탄한 개념이 형성되는 건 30~36개월 정도 되어야 합니다.

초기의 발달 성공에는 이 외에도 중요한 게 많지만 여기까지만 말씀드리겠습니다. 여기까지만 다다라도 발달의 1차 분기점을 맞기에 충분하거든요. 발달의 1차 분기점이라는 말은 아이 입장에서 쓴 표현이고, 부모 입장에서는 육아의 1차 분기점입니다. 육아의 1차 분기점이 언제라고 생각하세요? 그렇게 힘들게 아이를 키우면서 다들 '그때까지만 일단 참자'라고 생각하는 '그때'가 바로 1차 분기점입니다. 아이를 보육 기관에 보낼 수 있는 때지요. 다른 말로 하면 '1차 분리'가 가능한 때입니다. '완전한 분리'는 아이가 성인이 되어 부모에게서 독립하는 것이지만, 그 서막에 해당하는 1차 분리가 탈 없이 되어야 이후에도 쭉쭉 안정된 발달을 이룰 수 있습니다. 왜 '분리'일까요? 부모의 품에서 '떨어져' 처음으로 세상으로 나가니까요.

1차 분리가 가능해 보육 기관에 보내도 되겠다는 판단 기준은 무엇일까요? 어느 집에서는 '기저귀만 떼면'이고 또 어느 집에서는 '걷기 시작하면' 등 다양하지만, 연령을 기준으로 잡자면 30~36개월쯤입니다. 왜 이때일까요? 이미 답을 아시겠지만, 대상영속성이 안정적으로 형성되는 시기이기 때문입니다. 걷기 시작하거나 기저귀를 뗀 것만 해도 큰 발달을 한 건 맞지만 외형과 더불어 내면도 준비되어야 아이가 안심하고 세상으로 나갈 수 있습니다.

한 어린이집 원장님께 들은 이야기입니다. 해마다 3월에는 아이들의 울음소리가 어린이집을 가득 채운다고 해요. 가장 어린 막내 반 어린이들이 처음으로 엄마와 떨어져 불안하고 슬퍼서 우는 건데요. 그 원장님은 하루이틀 우는 거야 자연스럽지만 한 달 내내 우는 아이도 있는데 그런 경우는 아직 보육 기관에 올 때가 아니라는 생각이 들지만 차마 부모에게 말하지는 못한다고 합니다. 그러나 그로 인해 발생하는 어려움은 고스란히 담당 교사의 몫이 되니 어린이집 운영에도 고민이 많을 수밖에 없겠지요. 저 또한 지인들에게서 가장 많이 전화를 받을 때가 매해 3~4월경입니다. "아이가 어린이집에 안 가려 해요", "밤 늦게까지 안 자려 해요. 억지로 재우려고 밤마다 실랑이를 벌이느라 진이 빠져요", "방실방실 잘 웃는 아이였는데 떼가 늘고 걸핏하면 울어요" 등의 하소연을 듣습니다. 그들이 호소하는 어려움은 다양하지만 제게는 그저 단 하나의 문제로 보입니다. '아직 준비되지 않았다'는 겁니다. 준비가 안 되었으니 엄마와 떨어져 혼자만 다른 곳에 가는 것이 무섭고 싫고, 엄마 옆에 오래 있고 싶어 안 자고 놀려는 것인데 그걸 몰라주는 엄마가 야단만 치니 떼쓰고 우는 거지요. 전문용어로 바꿔본다면 '자기감'과 '대상영속성'이 아직 견고하지 않은 상태라고 할 수 있습니다. 물론 이런 부분에는 문제가 없는데 유난히 불안 수준이 높은 경우에도 이런 모습을 보이기도 합니다.

보육 기관에 잘 가는 아이들은 그곳에 가면 재미있어서, 맛있는 걸 먹을 수 있어서, 친구를 만날 수 있어서 등 다양한 이유가 있겠지만 이유가 몇 가지든 근본적으로 엄마에 대한 대상영속성이 형성되어 있지 않다면 점점 안 가려고 합니다. 친구들과 즐겁게 노는 것도 좋지만 어릴 때는 대부분 엄마와 같이 있는 것을 더 좋아하니까요. 유치원에 도착하자마자 아이가 뒤도 안 돌아보고 선생님에게 함박웃음을 보내며 쏜살같이 들어가는 바람에 '이건 뭐지? 이 배신감 같은 감정은?' 이런 생각이 들었던 엄마도 있으시지요? 혹시라도 아이가 이런다면 아직 뭘 몰라서 흥분되는 자극에 무작정 끌려가는 것일 수도 있지만 그보다는 대상영속성이 잘 발달되었기 때문이라고 생각합니다. 이런 아이의 머릿속을 표현해본다면 이럴 것입니다. '잠시 떨어지지만 뭐, 곧 다시 만나니까. 내가 돌아오면 엄마는 반드시 집에 있으니까. 낮에 없어도 저녁이면 반드시 돌아오니까. 어차피 떨어져야 하는 거 즐겁게 놀지 뭐.' 부모에 대한 정신적 개념, 즉 대상영속성이 견고하니 자신 있게 집 밖의 생활을 할 수 있는 것이지요.

대상영속성은 단지 그런 개념 하나가 형성된다는 단차원적 현상이 아닙니다. 이 개념이 형성된다는 것은 아이가 혼자 놀고 생각할 수 있으며, 엄마가 옆에 없는 불안과 허전함을 다독이며 감정을 조절할 수 있게 되는 등, 여러 차원의 발달이 동시에 이루어지고 있음을 보여주는 것입니다. 그야말로 장족의 발전이지요. 그러니 낮에 오랜 시간 부모 곁을 떠나 밖에 있다가 돌아올 수 있는 것입니다. 이쯤 되어야 비로소 부모는 한숨 돌리고, 계속 아이 키울 맛도 나지요. 아무리 예뻐도 하루 종일 옆에 데리고 있기는 힘들잖아요.

슬슬 지겨워지고(?) '더 이상 1도 견딜 수 없어'라고 생각될 즈음 아이가 늠름하게 유치원 가방을 메고 나간답니다. 엄마는 만세를 부르고 삶의 달콤한 맛이 혀끝에 맴돌기도 합니다. 단순히 잠시 편해져서 그런 건 아니지요. 아이가 이만큼이나 컸구나 하는 다행스러움과 뿌듯함, 이제 '나'도 좀 인간답게 살 수 있을 것 같다는 설렘 등이 섞여서 그런 것이지요. 다만 그 달콤함을 너무 빨리 느끼려고 욕심내서는 안 됩니다. 아이마다 발달 단계가 다르므로 아이 스스로 준비될 때까지는 최대한 아이를 품어주어야 합니다.

만약 아이가 충분히 준비되지 않은 상태에서 보육 기관에 가게 되었다고 하더라도, 보내기 시작한 이상 쉽게 중단할 수는 없겠지요. 가정마다 그런 결정을 내린 사정이 있을 테니 불안하더라도 적응해나갈 수밖에 없으니까요. 핵심은, 아이가 이런 모습을 보인다면 "다른 애들은 다 잘만 다니는데 너는 왜 이렇게 유별나게 굴어?" 하며 짜증 내지 말고 이해하고 더욱더 품어주어야 한다는 것입니다. 부모가 규칙적으로라도 따뜻하게 잘 품어주면, 아이는 반드시 적응해냅니다. 다만, 아이가 보육 기관에 등원한 지 한 달이 넘었는데도 계속 떨어지지 않으려 하고 울고불고한다면 나중에 다시 보내는 방법도 고려해봐야 합니다. 억지로 계속 보내면 시간이 좀 지나 그런 모습이 잠잠해진다 해도 기관에서는 즐겁게 잘 지내지 못할 수도 있거든요. 아이 스스로 그런 불편감을 알릴 수는 없으니 선생님 이야기도 들어보고 아침저녁으로 표정도 살피고, 자다가 소리치면서 울거나 잘 먹지 않거나 하지는 않는지 세심하게 살펴봐야 합니다. '1차 분리'는 시간 여유를 두고 아이가 잘 적응하는지 지켜보면서 해야 합니다.

안정 애착을 통해 뿌리내리는 정서적 안정, 긍정적 자기감, 대상영속성으로 무장한 아이는 서슴지 않고 세상으로 나갈 수 있습니다. 1차 분리가 아주 성공적으로 마무리되지요. 그 이후는 앞에서 언급했듯이 이때의 경험치가 쌓여 연속적인 발달 성공으로 쭉쭉 이어지고요. 물론 살면서 한 번씩 예기치 않은 스트레스를 받아 잠시 흔들리기도 하겠지만, 기본 토대가 탄탄하니 얼른 회복합니다.

애착에 대한 이야기를 마무리하려 합니다. 앞에서 애착 형성을 위해서는 약간의 과학이 필요하다면서 세 가지 조건을 제시했지만 초심부모라면 굳이 따져볼 필요도 없이 이미 갖추고 있는 특성입니다. 초심은 특별히 무얼 하는 것도 없이 그저 각자의 발달 과정에 맞춰 아이를 무리 없이 키우는 것임에도 모든 양육의 조건과 방법, 법칙을 넘어섭니다. 안정 애착을 토대로 편안하고 즐거운 가정을 이끄는 강력한 초심의 힘, 의심 없이 발휘해보시기 바랍니다.

2부

육아의 길에서 헤매지 않는 작심육아

1부에서 초심의 중요성을 살펴보았지만 막상 매일 초심을 유지하는 것이 쉽지는 않습니다. 아무 일도 안 하면서 아이만 보면 된다면, 아이가 늘 건강하고 말도 잘 듣는다면 초심을 지키는 것이 뭐가 어렵겠어요? 아침에 눈뜬 후 5분도 채 지나지 않아 시작되는 '전쟁 같은' 하루를 버텨내려다 보니 어려운 것이지요. 따라서 부모의 본능으로만 초심을 지키는 데는 한계가 있습니다. 초심을 지키기 위한 '작심'이 수시로 필요하지요. 초심에서 벗어나려 할 때마다 마음을 추슬러보자는 의미입니다.

초심을 유지하기 위한 작심

작심 하면 '작심 3일'이라는 말이 가장 먼저 떠오르지요. 어떤 것을 해보기로 결심했지만 오래가지 못한다는 뜻인데, 7일도 아니고 5일도 아닌 3일을 짚어낸 조상들의 지혜가 참 놀랍습니다. 고작(?) 3일 만에 결심이 흐트러지는 경험을 안 해본 사람이 없을 테니까요. 오죽하면 작심 3일을 '3일마다 작심하기'로 바꿔서 결의를 다지곤 하지요. 그런데 육아도 3일마다 작심하기가 참 적절하다는 생각이 듭니다. 오늘 아침에 '이제부터 아이에게 화 안 내고 너그럽게 대해야지' 했다가 오후만 되어도 언제 그랬나 싶게 화를 내고 있으니, 3일씩이라도 마음 다짐을 할 수 있다면 정말 훌륭한 일입니다.

본격적으로 '작심'하기 전에 부모의 초심이 아이의 문제 행동을 예방하는 데 탁월하다는 것을 먼저 살펴봄으로써 작심 결의를 다졌으면 좋겠습니다.

육아의 업스트림과 다운스트림

업스트림이란 '상류', 다운스트림이란 '하류'를 말합니다. 갑자기 상류니 하류니 해서 어리둥절하실 텐데요, 댄 히스의 《업스트림》에 나오는 개념입니다. 댄 히스는 '다운스트림'은 문제가 발생한 뒤에 대응하는 것을, '업스트림'은 문제가 아예 발생하지 않도록 막는 것을 의미한다고 하면서 알기 쉬운 우화를 하나 제시했는데요. 당신이 친구와 강 아래쪽에서 놀고 있습니다. 한 아이가 위에서 떠내려와 곧장 구해주었더니 숨 돌릴 새도 없이 또 다른 아이가 떠내려와 또 구해주었는데 이후에도 아이들이 계속 떠내려오는 겁니다. 그때 갑자기 친구가 당신을 혼자 두고 물 밖으로 나갑니다. 당신이 당황해서 "어딜 가는 거야?"라고 소리치니 친구가 "상류로 가서 아이들을 물속에 던져 넣는 놈을 잡으려고"라고 했다는 이야기입니다.

댄은 이 우화를 통해 '소 잃기 **전에** 외양간 고치기', 즉 문제가 발생한 후 조치를 취하는 것보다 문제가 아예 발생하지 않도록 막는 것이 더 중요하다면서, 문제에 선제적으로 대응하는 사고방식과 시스템의 필요성을 강조합니다. 그는 자신의 주장에 설득력을 높이기 위해 미국과 노르웨이의 예산 집행을 비교하는데요. 두 나라의 건강 분야 지출 비율은 GDP의 5분의 1로 비슷하지만, 미국은 다운스트림 예산, 즉 병이 난 후 치료하는 데 주로 돈을 쓰는 반면, 노르웨이는 출산 시부터 가족을 지원하는 방식으로 집행하는 건강관리 및 사회복지 등의 업스트림 예산이 미국의 세 배라고 합니다.

노르웨이가 가족을 지원하는 내용을 살펴보면 산부인과 진료, 출산, 아기를 낳은 후 병원에 가는 비용이 모두 무료이며 출산 전 3주를 포함해 총 49주의 유급 휴가가 가능하답니다. 각 가정은 아이가 18세가 될 때까지 매달 100달러가 좀 넘는 돈을 계속 지급받는데, 이 돈으로 대학교 학자금을 낼 수도 있지만 등록금이 무료라서 그럴 필요가 없다는군요! 노르웨이가 건강을 '가정 건강' 개념으로 구상화한다는 게 참 대단하다 싶은데, 어쨌든 이렇게 가정 지원에 집중해도 기대수명이 세계 29위인 미국보다 훨씬 높은 세계 5위이며, 무엇보다 세계에서 가장 스트레스를 적게 받는 나라 1위, 행복지수가 가장 높은 나라 3위라고 합니다.

'스트레스가 만병의 근원'이라고 하니, 노르웨이의 행복지수가 높은 건 당연한 결과라고 할 수 있겠습니다. 사람마다 다르겠지만, 부모라면 아이가 성인이 될 때까지 생애 가장 많은 스트레스를 받을 텐데, 그동안 돈 한 푼 없이 키울 수 있으니 스트레스가 압도적으로 적을 수밖에 없고, 따라서 건강지수와 행복지수도 덩달아 상승하겠지요. 우리

나라에서는 대부분의 부모가 몸이 아프거나 마음이 힘들어서 일을 좀 쉬고 싶어도 자식을 대학에 보낼 때까지는 엄두도 못 내므로 온갖 스트레스를 받으며 버티는데, 이런 나라가 지구상에 있다니 부러움을 넘어 속이 쓰리군요. 자, 그렇다면 노르웨이의 아이들도 행복할까요? 역시나 세계 2위로 최상위 수준입니다("'우리 아이들은 행복하지 않답니다'", 〈매일경제〉 2022년 5월 4일 자 기사 참고). 이 또한 부모의 행복지수가 높으니 당연한 결과인 듯합니다.

유럽 국가처럼 육아를 탄탄하게 지원하면 우리나라 부모의 행복지수도 꽤 상승하리라 생각합니다. 하지만 역사와 사회문화, 경제적 수준을 고려하면 다른 타국의 정책을 무턱대고 당장 실행하기를 바랄 수는 없으며, 우리나라도 이미 시행 중인 것들이 있으니 더 좋은 정책이 현실화되기까지 시간이 걸릴 수밖에 없습니다. 그럼 그때까지 우리는 할 수 있는 일이 없을까요? 가정에서 '심리적 업스트림'이라도 먼저 해볼 수 있다고 생각합니다. 부모의 애정 어린 관심이 아이에게 문제가 발생하기 전에 업스트림 역할을 하니까요.

문제를 초기에 잡는 업스트림 타이밍

부모의 애정 어린 관심이 아이에게 문제가 발생하기 전에 업스트림 역할을 한다고 했는데, 여기서 중요한 것은 '관심'입니다. 아이에게 애정 없는 부모는 없을 텐데, 애정만으로는 아이를 제대로 키울 수 없습니다. 적기에 세심한 관심을 기울여야 '업스트림'이 될 수 있습니다. 아이가 어떤 문제 행동을 보인다고 해봅시다. 어느 날 갑자기 그런 행동을 하게 됐다기보다는 한참 전부터 그런 전조가 보였을 것입니다. 그런데 부모가 바쁜 나머지 대수롭지 않게 넘기다 보면, 아이 입장에서는 '이렇게 해도 되나 보다'라고 생각하게 되지요. 어떤 아이는 엄마나 친구를 할퀴거나 발로 찹니다. 이때 엄마가 엄한 표정을 지으면서 아이 두 손을 꽉 잡고 눈을 바라보며 "안 돼!"라고 하면 대부분의 아이는 잡힌 손을 빼내려 뻗대고 울기도 하지만 결국에는 '엄마의 의도'를 알아차립니다. 그런 행동이 나올 때마다 엄마가 제지하면 마침내 하지 않게 되지요.

1부에서 유별난 기질을 갖고 태어나는 아이들이 있다고 했습니다. 예를 들어, 어떤 아이가 난폭한 기질이 있다고 해봅시다. 그렇다 해도 그 기질이 발현된 첫 시점은 있기 마련입니다. 즉, 상류 지점이 있다는 것이지요. 이때 부모가 잘 지도하면 아이의 난폭성은 얼마든지 조정됩니다. 그래서 '유전자가 100퍼센트는 아니다'라고 하는 것입니다. 유난히 고집 세고 예민하고 과격한 아이가 분명 있지만, 이미 하류로 떠내려와 감당 못할 수준에 이르러 다루기 힘든 것이지 상류에서는 반드시 조정할 수 있습니다. 자폐스펙트럼 장애같이 선천적인 뇌 문제가 의심

되는 경우에는 상류에서도 조정이 어려운 건 사실입니다. 그렇더라도 조정이 매우 힘든 특성(증상) 외의 영역에서 해볼 수 있는 것들이 분명 있으며, 이 또한 상류에서 시도할수록 좋은 결과를 보입니다. 상류에서 보면 모든 문제가 아주 작습니다. '업스트림 타이밍'을 놓치지 않으면 문제를 해결하기 쉽습니다.

앞에서 '난폭성'의 예를 든 것은 이 기질이 강한 경우 자신과 타인에게 해를 끼쳐 이후 사회생활에 지장을 줄 수 있기 때문입니다. 이 지점에서 아이의 수많은 기질과 행동 중 어떤 것에 업스트림 타이밍을 적용할지 기준을 잡아볼 수 있습니다. 어떤 모습이 계속 유지될 경우 자신과 타인에게 심각한 해를 끼칠 가능성이 높다고 판단될 때입니다. 부모도 바쁘고 시간은 한정되어 있는데 아이의 모든 모습에 관심을 기울일 수는 없으니까요.

두 번째 기준은 자신과 타인에게 해를 끼칠 정도는 아니지만 좋은 습관을 형성하는 측면입니다. 제 아이 둘 다 대학생이 된 지금, 돌아보면 하나 아쉬운 점은 정리정돈하는 습관을 어려서 들여주지 못한 것입니다. 첫째 아이는 군대 다녀오고 나이도 좀 더 들어 지금은 잘 정리하고 있지만 예전에는 늘 방이 어질러져 있었고, 둘째 아이는 지금도 한소리 해야 방을 치웁니다. 이렇게 된 데는 우선 저부터 게으르고 에너지가 딸렸던 탓이 큽니다. 워킹맘들은 이해하실 텐데, 퇴근 후 집에 오면 손가락 하나 들 힘도 없으니 대충 치우며 지냈고, 그런 엄마의 모습을 보다 보니 정리의 중요성을 배우지 못했던 것이지요. 만약 제가 아이들이 아주 어렸을 때부터 업스트림 타이밍으로 정리정돈하는 행동을 가르쳐주고 강화했다면, 그런 습관을 쉽게 만들었을 것입니다. 그때는 다른 더 중요한 습관을 들이느라 미처 신경 쓰지 못했습니다. 하지만 나이 들수록 자신의 주변을 잘 정리하는 습관이 그 어떤 성과보다 중요하다는 생각이 들어 좀 후회가 되더군요.

아이가 '이 습관만큼은 꼭 가졌으면 좋겠다' 하는 게 있으시지요? 책 읽기, 일찍 일어나기, 시간 잘 지키기, 양치질하기, 거짓말하지 않기, 할 일(숙제 등) 먼저 하고 놀기, 감사하며 살기, 예절 잘 지키기 등 어떤 습관이든 업스트림 타이밍으로 만들 수 있습니다.

아이에게 부모는 신과 같은 존재이므로 업스트림 효과는 막강할 수밖에 없습니다. 미국의 유명한 행동주의 심리학자 존 왓슨은 어떤 아이라도 데려오면 부모가 원하는 사람으로 만들 수 있다고 말한 것으로 유명합니다. 음악가, 변호사, 사업가, 의사, 심지어 도둑이나 거지로도 만들 수 있다고 했지요. 원리는 아이의 '환경'만 바꿔주면 된다는 것, 즉 '강화를 이용한 환경 조성'입니다. 학부 시절 왓슨에 대해 처음 배울 때는 당연히 그의 말에 강한 거부감이 들었습니다. 인간의 자유의지를 너무 경시하는 것 같아서요. 하지만 과 동기와 재미 삼아 '아이를 도둑으로 키우기' 시뮬레이션을 해본 결과 왓슨의 말대로 될 수도 있겠다는 생각이 들더군요.

당시 동기와 주고받았던 농담입니다.

"아이 옆에 1만 원을 놓아두고 아이가 우연히 그쪽으로 고개를 돌릴 때마다 사탕을 주는 거야."

"그다음에는 1만 원을 멀리 떨어뜨려놓고 아이가 그쪽으로 갈 때마다 사탕을 주는 거지."

"그다음에는 부모의 성경책 안에 1만 원을 넣어두고 아이가 그걸 찾을 때마다 사탕을 주는 거야."

사탕이라는 강화 때문에 아이가 자꾸 돈에 눈길을 주거나 돈을 찾게 되고 급기야 다른 사람의 책, 그것도 도둑들조차 차마 건드리지 않는다는 성경책 안에 넣어둔 돈마저 스스럼없이 갖게 되니 쉽게 도둑으로 만들 수 있겠더라고요.

'업스트림 육아'는 이와는 반대 방향의 환경 조성을 말합니다. 상담실에서 실제로 자주 접하는 사연인데요. 아이가 무심코 문방구에서 지우개를 가져왔는데 '어려서 몰라서 그런 것이지. 지도 모르고 가져왔을 거야. 크면 안 그러겠지' 이렇게 넘겼다가 나중에 고가의 오토바이를 망설임 없이 훔치는 지경에 이르는 경우를 많이 보았습니다. "네가 모르고 갖고 왔겠지만 그래도 잘못한 일이야. 문방구 사장님은 네가 훔쳤다고 생각할 수 있어. 당장 사실대로 말하고 사과드리고 지우개 값을 내고 오자." 이렇게 지도하는 것이 업스트림 육아입니다. 아이를 야단치는 것이 아니라 깨닫게 하고, 지우개 값을 뒤늦게라도 주었으니 나중에 '훔쳤다'는 죄책감으로 괴로워하지 않게 '조기에' 이끌어주는 것입니다. 마지막에 "네가 잘못 생각해서 그런 거야. 앞으로 안 그러면 되지. 사랑해" 이 말을 꼭 해주시고요.

타이밍을 잘 맞추려면 당연히 아이 옆에서 세심하게 관찰해야겠지요. 하지만 관심을 기울일 시간이 부족하더라도 초심으로 지켜보는 것만으로도 충분합니다. 앞에서도 말했듯 아이의 문제 행동은 어느 날 갑자기 나타나는 것이 아니기 때문입니다. 충분히 관심을 기울이면 아이가 유난히 힘들어할 때, 평소의 모습과 다를 때, 감정 반응이 유독 강할 때 등을 알아차릴 수 있습니다. 하루이틀 후에 그런 모습이 사라진다면 상관없지만 3일을 넘어 일주일 이상 지속된다면 개입해야 할 업스트림 타이밍입니다.

업스트림 육아란 결국 초심육아를 말합니다. 초심을 유지하면 좋은 모습은 충분히 강화하고 좋지 않은 모습은 조기에 발견해 올바르게 훈육할 수 있습니다. 육아는 사실 이것이 전부이지 않을까요?

작심 로드맵

태어났을 때부터 내비게이션을 세상에 있던 것으로 알고 있는 요즘 젊은 세대는 내비게이션 없이 운전했던 이전 세대의 경험담이 잘 믿기지 않을 것입니다. 이전 세대는 어떻게 서울에서 해남 땅끝마을까지 장거리 운전을 할 수 있었을까요? 항상 지도를 보고 그래도 길을 잘못 들면 옆 차 운전자에게 물어물어 갔었지요. 그러니 이 신문물을 처음 접했을 때 "오래 살고 볼 일이여!" 하며 얼마나 감탄했겠어요?

하지만 그 내비게이션도 만능은 아니지요. 능숙하게 다루지 못하면 "300미터 앞에서 우회전입니다"라고 안내하는데도 100미터 지점에서 우회전하는 바람에 '삐삐!' 경고음을 듣곤 합니다. 고속도로 출구에서 이런 일이 벌어지면 기본 10~20킬로미터를 더 달려야 유턴할 수 있거나 다른 길로 가야 하지요. 물론 언제나 경로 재탐색을 해주니 결국에는 목적지에 도착하지만, 이 신문물의 효과를 제대로 누리려면 우리가 원래 갖고 있는 공간 및 길에 대한 감각을 소실해서는 안 됩니다. 즉, 로드맵을 볼 줄 알아야 합니다.

육아도 덜 헤매려면 로드맵이 필요합니다. 로드맵, 즉 지도를 갖고 보는 눈이 있어야 작심의 방향을 잡을 수 있습니다.

잘못 사용되는 육아 지도

부모는 당연히 '육아의 지도map'를 가지고 있습니다. 문제는 부모가 자신의 현재와 미래뿐만 아니라 아이의 현재와 미래까지 빅픽처를 그려내느라 지나치게 거시적으로 지도를 본다는 것입니다. 현미경으로 들여다봐야 할 부분이 분명히 있는데 온통 망원경으로만 보는 것이지요. 아이는 태어나서 10년까지는 현미경으로 봐야 하고 이후 서서히 망원경으로 옮겨가야 합니다. 10년까지 볼 여력이 없다면 6년, 그것도 여의치 않다면 3년까지는 반드시 현미경으로 봐야 합니다. 반대로 아이가 중·고등학생이 되었는데도 여전히 현미경으로 보려 하면 얼마나 질색하고 도망갈까요? 성인이 되면 그때부터는 망원경으로 보기는커녕 그저 뒷모습만 봐야 합니다.

아이가 어릴 때는 현미경으로 봐야 하는데도 부모가 육아의 지도를 잘못 사용하는 이유는 무엇일까요? 부모와 아이의 인생 단계가 달라서 그렇습니다. 아이는 이제 막 세상에 뿌리내리려 하는데 부모는 열매를 맺어야 하지요. 이미 열매 하나(아이)는 만들어놓았지만 다른 열매들이 아직 미완성 상태이니 마음이 쫓깁니다. 우리는 할 일이 많을 때 보통 어떻게 하나요? 이미 이룬 일, 어느 정도라도 진행된 일은 뒤로 미뤄놓고 앞으로 해야 할 일에만 매달리지요. 시간과 돈, 에너지가 부족하니까요. 그러니 멋지게 말하면 거시적으로, 솔직하게 말하면 대충대충 보며 삽니다.

자, 이런 측면에서 이야기해본다면 부모가 아이를 앞에 둘까요, 뒤에 둘까요? 답은 둘 다이긴 하지만 뒤에 두는 건 아이의 감정, 앞에 두는 건 아이의 성과입니다. 부모는 지금 열매 맺기, 즉 '성과'에 초집중하느라 그와 관련된 것만 보입니다. 따라서 아이도 성과를 향해 같이 달려줘야 하고요. 연령에 따라 한글 및 영어 떼기, 수학 선행학습 등 작은 성과들이 모여모여 마침내 큰 성과를 이루기를 바라지요.

성과에 집중하다 보면 삶이 정신없이 진행되고 매우 거칠어집니다. 삶이 거칠다는 것은 어떤 의미일까요? 가족을 섬세하게 배려하지 못하고 투박하게 응대한다는 의미입니다. 바로 앞에서 아이의 감정은 뒤에 둔다고 했는데, 예를 한번 들어보겠습니다. 회사에서 일하고 있는데 아이가 다니는 학원에서 전화가 왔어요. 아이가 학원에 오지 않았다고요. 오늘 '큰 성과'를 예비하는 '작은 성과'에 차질이 생겼으니 부모는 화가 납니다. 퇴근하자마자 아이를 냅다 야단치지요. 아이의 감정은 뒤로 보낸 후라 보이지 않고 아이가 오늘 이루지 못한, 그리고 앞으로 지장 있을 성과만 보여요. 부모는 투박하고 아이는 외롭고 삶은 거칩니다.

육아 지도를 제대로 사용하려면 항상 첫 번째로 짚어볼 영역이 아이의 감정입니다. 기쁠 때도 그렇고 기쁘지 않을 때는 더 그래야 합니다. 앞의 예에서 생각해본다면, 왜 학원에 가지 않았는지 아이의 말을 들어주면서 감정을 읽어주는 것이지요. 이 감정의 골짜기에서 잠시 쉬어가야 합니다. 일이 잘 풀릴 때는 쉬는 시간이 짧겠지만 잘 풀리지 않을 때는 좀 더 오래 쉬어야 합니다. 언제까지 쉴까요? 아이가 준비될 때까지요.

다른 아이들은 벌써 몇 개의 능선을 넘어간 듯 보여 초조하더라도, 그 아이들은 '내' 아이가 아니니 초조감을 버리세요. 어차피 마음이 준비되지 않은 상태에서는 목표를 이룰 수 없으며 잠시 무언가 하는 듯 보여도 금방 제자리로 돌아갑니다. 이렇게 쉬어가지 않고 바로 내달리게 하면 점점 문제가 쌓입니다. 부모가 학원에 가야 할 이유를 아무리 많이 대도 아이는 그저 하나의 결론에 이를 뿐입니다. 1부에서 수차례 이야기했듯 부모의 마음(초심)이 변했다고 받아들이며 이렇게 생각하지요. '날 사랑하지 않는 것 같아.' 좀 완곡하게 표현하면 이렇고요. '날 **많이** 사랑하지 않는 것 같아.'

아이는 외롭고 공허해지며 이를 메꿀 것을 찾게 됩니다. 마침 친구가 게임을 하자고 해 같이 하다 보니 즐겁습니다. 공허하지 않습니다. 그렇게 학원 가는 것을 **또** 잊어버립니다. 문득 정신 차리고 보니 '아이쿠, 큰일 났네!' 싶지요. 학원 한 번 빠졌을 때는 점잖게(?) 야단쳤던 부모도 이번에는 봐주지 않습니다. 습관적으로 학원에 안 갈까 봐 두려워서지요. 아이도 야단맞을 때 처음에는 자기도 잘못한 것이 있으니 잠자코 있습니다. 하지만 '이 모든 일의 첫 번째 원인은 무엇이지? 내가 외로워서 그랬잖아. 엄마 아빠 잘못인데 왜 날 야단치지?'라는 생각이 들면서 반항심이 생기기 시작합니다.

첫 번째 골짜기였던 그 업스트림 단계에서 아이의 감정을 토닥여주지 못하면 서서히 분지로 내려오면서 감정이 복잡해지고, 다운스트림 단계에 도착했을 때는 무엇이 원인이고 결과였는지조차 모르게 돼 해결책을 찾기 어렵습니다. 그저 거친 삶이 기다리고 있을 뿐입니다.

아이가 준비될 때라고 했는데, 이는 아이의 감정이 동할 때라는 뜻입니다. '감정이 동하다'의 '동'은 움직일 동動이지요. 감정은 가만히 있는 상태에서는 어떤 계기를 불러일으키지 않습니다. 움직여야 비로소 어떤 일을 시도하게끔 하는데, 아이의 감정을 움직이는 건 **말**보다도 부모의 온정 어린 관심과 공감입니다. 어릴수록 더 그렇습니다. 부모는 "내가 몇 번을 **말**해? 너 바보야? 학원에 시간 맞춰 가는 거, 그거 하나 못해?"라고 소리치지만 아이는 솔직히 정신이 멍합니다. 왜 자기가 학원에 시간 맞춰 가는 그 쉬운 걸 못하는지(안 하는지) 자신도 모르니까요. 비록 부모가 앞의 말을 나긋한 어조로 바꿔서 살짝 미소를 띠며 "내가 여러 번 **말**했지? 너 잠시 다른 데 정신을 팔았나 보네? 학원에 시간 맞춰 가는 거, 그렇게 어려운 일은 아닐 것 같은데? 커서 회사 가면 얼마나 더 힘든 일이 많은지 모르지?" 이렇게 말해도 멍한 것은 마찬가지입니다. 아니, 오히려 무섭기까지 할 겁니다.

감정의 덩굴에 발목이 잡혀 넘어져 있으면 부모가 저쪽 능선 위에서 아무리 "왜 안 올라와?"라고 소리친들 할 수 있는 게 없습니다. 할 마음도 나지 않습니다. 천사가 나타나 손 잡아주고 물도 먹여주고 덩굴에서 발목을 빼주기를 바랄 뿐입니다. 업스트림에서 잘 지내고 있어야 했던 아이지만 모종의 이유로 다운스트림으로 떠내려갔다면 수호천사는 덩굴을 헤치고 기어이 아이를 찾으러 오겠지요. 부디 천사(부모)가 너무 늦게 오지 않아야 할 텐데요. 진짜 천사는 가만히 앉아서도 삼천리를 볼 수 있으니 아이가 어디에 빠져 있는지 대번에 알아차리고 달려올 것입니다. 하지만 '천사 같은' 인간 부모는 그럴 능력이 없으니 육아 지도를 잘 봐야 합니다.

그나저나 우리 어렸을 때를 돌아봐도, 천사는 왜 그렇게 안 올까요? 왔었는데 모르는 걸까요? '나'보다 더 힘든 아이들에게 가야 했을까요? 그도 아니면 '신(천사)이 너무 바빠서 엄마를 만들었다'는 말 그대로, 부모에게 맡겨놓았기 때문일까요?

육아 지도를 제대로 사용해 아이의 감정을 받아주고, 부드럽고 상냥하게 대해주면 쓰러져 있었더라도 벌떡 일어납니다. 아이는 로봇도 강아지도 아니어서 같은 행동을 수십 번 해줄 필요도 없습니다. 진정한 마음이기만 하다면 단 한 번, 설사 뒤늦게 보여주더라도 아이는 아무 일 없었다는 듯 다시 성장합니다. 그저 한번 주었던 마음을 무효화하지만 마세요. 아예 안 주었다면 '포기'라도 할 수 있는데 만약 주었던 마음을 무효화하면, 아이는 로봇도 강아지도 아니기에 그 뛰어난 머리로 자신이 받았던 만큼 되돌려주겠다 마음먹을 수도 있습니다. 다시 한번 강조합니다. 이 책의 주제처럼 처음에 주면 가장 훌륭하며 또 반드시 그래야 합니다. 만약 처음에 주지 못했다면 늦게라도 주면 됩니다. 아예 안 주면 절대 안 되겠지만 주었다가 물리면 안 주느니만 못합니다. 그러면 아이의 지도가 영화 〈인셉션〉의 장면에서처럼 엉기게 됩니다. '여긴 어디고 나는 누구이며 이제 어디로 가야 하는가' 하는 혼돈 상태에 빠지면서 순조로운 발달을 하지 못합니다.

아이의 지도

육아, '아이를 키운다'는 뜻이니 부모가 주체이고 아이가 대상이 됩니다. 그렇다 보니 부모가 주인 같고 아이는 조연처럼 되어 부모의 지도에 맞춰 아이를 키웁니다. 참 이상한 게, '식물을 키운다'거나 '고양이를 키운다'고 해도 식물의 상태에, 고양이의 습성에 맞춰 키우잖아요. 심지어 고양이의 '전지적 관찰자 시점'에서는 사람이 '주인'이 아니라 '집사'입니다. 유독 사람을 키울 때만 주인이 정말 제 마음대로 키운다는 생각이 들지 않나요? 부모와 아이가 너무, 정말 너무 닮아서 그런 것 같습니다. 사람과 식물은 아예 다르고 사람과 고양이는 상당히 다르지만, 사람끼리는 비록 큰 사람과 어린 사람이라는 차이는 있지만, 동일한 종족이다 보니 '내'가 살아왔던 대로 키우면 된다 착각하는 것이지요.

하지만 우리 부모는 이 '어린 사람'을 정말 제대로 알고 있을까요? 어린 사람이 큰 사람에게 '난 당신이 참 좋아요. 내 롤모델이에요. 그러니 당신이 사는 대로 살게 해주세요' 이렇게 요청해도 '양심상' 아이의 자유의지를 깨닫게 해줘야 할 판에 요청하지 않았는데도 냅다 자신의 방식대로 키우는 건 좀 생각을 해봐야 하지 않을까요? 자, 우리의 위치를 정확하게 한번 규명해보면 좋겠습니다. '우리는 아이의 집사입니다'라고 하면 영 기분이 안 좋을 테니 바꿔보겠습니다. 우리는 아이를 '돕는 자'이며 '지키는 자'이며 '안내하는 자'입니다.

부모가 아이의 주인이 아니라 도우며 안내하는 자라면, 아이를 키울 때 부모의 지도가 아닌 아이의 지도에 맞추는 게 당연합니다. 부모와 아이가 엄연히 다른 존재이므로 부모와 아이의 인생 또한 다를 테니까요. 아이의 지도를 살펴봐야 하는 이유입니다.

아이가 "응애" 하고 태어나 거기에 깃발을 꽂고 이제 세상으로 등산을 시작한다고 해봅시다. 산 정상까지 안전하게 가는 게 목표입니다. 이 산 전체의 지도는 어떻게 펼쳐질까요?

처음에는 말랑말랑하고 보들보들한 지점에서 출발합니다. 감정 영역이지요. 앞에서 육아의 지도를 제대로 사용하려면 항상 첫 번째로 짚어볼 영역이 아이의 감정이라고 한 것도 이곳이 출발 지점이기 때문입니다. 이 지점은 출발도 잘되어야 하지만 올라가다가 힘들면 언제라도 다시 내려와 쉬어야 하는 곳이기 때문에 정말 잘 보존해야 합니다.

그다음에는 좀 단단한 지점으로 이동하지요. 이건 이파리, 저건 바위 하면서 세상을 개념으로 이해하기 시작하는 언어 영역입니다. 아직은 듬직한 셰르파(부모)가 살뜰하게 살펴주기 때문에 주거니 받거니 상호작용하면서 앞서거니 뒤서거니 올라갑니다.

마지막으로 아주 가파른 지점인 사고 영역에 다다릅니다. 혼자서 생각하고 행동해야 할 시간이 늘어나고, 서서히 부모에게서 독립과 분리를 준비합니다.

등산에 비유한 아이의 지도는 사실 '뇌 지도'를 설명한 것입니다. 아이의 뇌는 우반구가 가장 먼저 발달하고 좌반구는 좀 더 나중에 발달합니다. 먼저 보고 걷고 한 뒤에 말을 하는 것을 보면 알 수 있지요. 학창 시절에 배운 내용을 한번 복습해볼까요? 핵심 내용만 보자면, 좌반구는 언어, 수리, 논리 등의 기능을 관장하고 부분적인 것들을 처리하는 데 능한 반면, 우반구는 감정, 감각, 형태 인식 등의 기능을 관장하고 전체를 통합하는 데 능합니다. 그렇다 해서 아기가 '전체를 통합하는 능력'을 갖췄다는 건 아닙니다. 이 능력은 나중에 성인이 되어 활짝 피어나지요. 아기 때는 세상을 쪼개서 보지 못하고 전체로 두루뭉술하게 본다는 의미입니다. 우반구가 먼저 왕성하게 발달하는 이 시기에는 외부 세상을 오로지 감각과 감정으로만 인식합니다. 아직은 '엄마'가 아니라 '희끄무레한 밝고 향기로운 이미지'이며 '분유'가 아니라 '따뜻하고 달콤한 것'입니다. 《웃음의 가격은 얼마인가》의 저자 울리히 슈나벨은 카타리나 침머의 표현을 인용해 "감정은 우리의 첫 번째 이성이다"라고 했습니다. 언어, 사고, 의식은 시간이 지나면서 차차 형성되며 처음에는 이성적이고 의식적인 방식이 아니라 오로지 감정을 통해 직관적으로 배운다는 것이지요. 바로 우반구가 주도하는 시기에 일어나는 일입니다.

세상과의 경계가 온통 흐릿한 이런 상태는 엄마, 아빠 등 기본적인 단어를 다섯 개 정도 말할 수 있게 되는 돌 무렵까지 지속됩니다. 이후 듣기와 말하기 능력을 가속화하는 좌반구가 발달하면 드디어 세상을 쪼개서 보기 시작하지요. 아주 간단하게 설명한다면, 아이의 뇌는 우반구 → 좌반구 → 양반구의 순서로 영글어가면서 통합된다고 할 수 있습니다. 좌반구가 발달하는 시기에는 익히 알고 있듯 언어 능력이 급속도로 발달하며, 양반구가 발달하는 시기에는 사고력이 개화하면서 특히 전두엽 기능이 폭발적으로 발달합니다. 물론 좌반구 발달이 시작된다 해서 우반구 발달이 뚝 멈추는 것은 아니며, 양반구가 가동된다 해서 좌·우반구의 독자적인 발달이 억제되는 것도 아닙니다. 뇌의 각 영역은 끊임없이 피드백을 주고받으면서 발달을 계속합니다. 다만 시기별로 특정 영역이 유난히 왕성하게 발달한다는 점을 강조하고자 합니다.

뇌 발달에 따른 3단계 육아

앞에서 아이의 뇌 발달에 대해 대략적으로 살펴봤지만 아이의 뇌 지도가 펼쳐지는 순서를 기반으로 아이를 어떻게 키우는 것이 현명할지 가이드라인을 잡아볼 수 있습니다. 여기서는 뇌 발달에 따른 '3단계 육아'를 제안합니다. 기존 발달 이론이 아이의 발달 과정과 특성 자체에 초점을 맞췄다면, 이 3단계 육아는 부모가 단계별로 어떤 점을 각별히 신경 쓰고 도와주어야 하는지에 관한 것입니다. 각 단계는 다음과 같으며, 편의상 스무 살까지를 육아기로 잡았습니다.

육아 1단계: 감정 중심 육아기(0~3세)

육아 2단계: 언어 중심 육아기(3~10세)

육아 3단계: 사고 및 행동 중심 육아기(10~20세)

주의할 점은 각 단계가 딱딱 구분되지 않는다는 것입니다. 1단계인 3세까지는 감정 뇌 안정이 결정적으로 중요한 시기이므로 감정 영역에 더욱 집중하라는 것이지, 이후에도 감정 관리는 평생 해야 합니다. 물론 어느 시점부터는 부모가 해주는 것이 아니라 아이 스스로 해야겠지만요. 따라서 더 정확하게 표현하면 아래 그림과 같습니다.

연령대에 따라 감정 중심, 언어 중심, 사고 및 행동 중심별로 진한 부분, 중간 부분, 옅은 부분으로 칠해져 있지요. 예를 들어 감정 부분을 보면 3세까지 가장 진하지만 이후에도 색만 좀 옅어졌을 뿐 전 연령대에 펼쳐져 있는 것을 알 수 있습니다. 마찬가지로 2단계가 언어 중심 육아이긴 하지만 아이의 언어가 그전에는 전무하다가 3세에 갑자기 출현하는 건 절대 아니지요. 생후 2~3개월만 되어도 옹알이를 하니까요. 몇 개가 아닌, 수많은 단어로 자신의 생각과 감정, 세상을 표현하고 본격적으로 소통하는 것이 3세 이후 시작되고 10세까지 기본적인 토

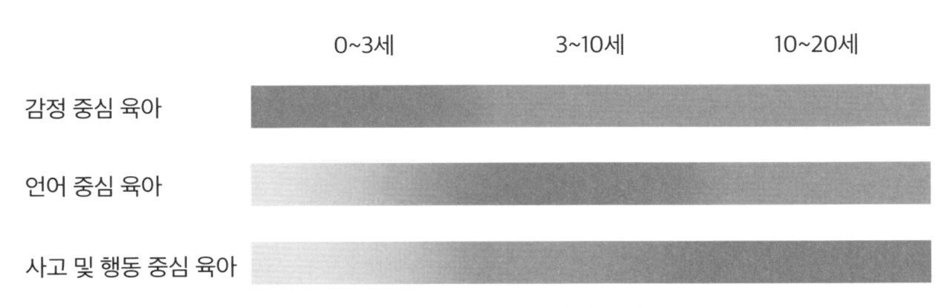

3단계 육아

대가 완성되어야 하기 때문에 이 시기를 진하게 표시했을 뿐, 이후에도 언어 능력은 인간의 삶에서 빼놓을 수 없지요. 이 점을 유념하시기 바랍니다.

여기까지 읽으면서 아이의 지도를 좀 더 자세히 볼 마음이 드셨는지요? 앞에서 부모가 지도를 너무 거시적으로 본다고 하면서 그 이유로 부모가 '성과 중심'의 삶을 사는 시기여서 그렇다고 했지만, 이번에는 좀 다른 이유를 생각해보려 합니다.

부모는 마지막 육아 단계인 3단계의 특징이 확장되고 극대화되어 있는 상태로, 사고와 행동 중심의 삶 절정기에 있지요. 등산에 비유해 본다면 이 단계는 아랫부분의 말랑말랑한 지역에서 한참 올라간, 꼭대기의 가파르고 단단한 지역입니다. 거기에 오르기까지 너무 힘들었지만 막상 꼭대기에서 장엄한 세상을 바라보니 볼 것도, 할 것도 많아 계속 목표를 높이게 됩니다. 지나온 어려움도 다 잊었습니다. 본인도 분명 겪으며 왔건만 '개구리 올챙이 적 생각 못한다'고, '올챙이'의 습성과 어려움을 많이 잊어버리는 바람에 저 아래 지역에서 일어나는 작은 일들은 이제 눈에 잘 들어오지도 않고 별로 중요하게 생각되지도 않습니다. 그래서 그쪽에서 헤매는 사람(아이)에게 별로 공감하지 못하는지도 모릅니다. 어려움을 호소하는 아이에게 "그랬어? 그거 별거 아니야", "불안해? 걱정할 거 없어. 나중에 보면 다 사소한 거란다" 이런 말을 습관적으로 하지요. 본인이 정말 극복했기 때문인지, 본인도 어린 시절 어른들로부터 적절한 지도를 받아본 경험이 없어서 부득불 그러는지는 확실하지 않지만요. 물론 고생하며 세상을 보는 시야가 넓어져 '그 고통은 진짜 고통이 아니었구나' 혹은 '고통도 다 의미 있구나' 하는 관점을 갖게 되어 그럴 수도 있겠습니다.

또 하나의 이유는, 앞에서 부모가 현미경으로 봐야 하는 부분이 있다고 했는데 막상 현미경으로 들여다봐도 '무엇인지' 모르기 때문입니다. 특히 우반구가 왕성하게 발달하는 3세 이전 아이의 상태, 그중에서도 아이의 감정에 대해 잘 몰라요. 왜냐하면 본인도 그때의 기억이 없거든요. 어떤 상황에 대해 정확하게 '언어화'가 되어야 나중에 기억할 수 있는데, 3세 이전에는 한계가 있기 때문입니다. 유아기 기억상실증이 생기는 이유이기도 하지요.

따라서 아이의 발달 단계를 '다시 보기'할 필요가 있어 바로 이어 설명하고자 합니다. 기억이 가물가물하겠지만 과거를 최대한 떠올리며 살펴보시기 바랍니다. 아이의 지도를, 이 보물지도를 손에 쥐고 있어도 제대로 보지 못하면 그냥 종이쪽지일 뿐입니다. 지도地圖를 잘 읽어 아이를 멋지게 지도指導해, 보물을 찾으시기 바랍니다.

아이의 발달 단계 다시 보기

(1) 육아 1단계: 감정 중심 육아기(0~3세)

생후 3년까지는 우반구에 초점을 맞춘 육아로, 감정 뇌가 잘 발달하는 데 집중해야 합니다. 방법은 아기가 편안하고 안전하게 느끼도록 하는 것입니다. 1부에서 살펴본 '안정 애착'은 이 시기에 부모가 형성해주어야 할 핵심 과업이기도 합니다. 애착 형성의 조건으로 언급한 근접성, 안전성, 민감성 및 반응성의 법칙에 따라 부모의 사랑, 특히 몸 사랑을 융단폭격하듯 쏟아부어야 합니다. 부모의 향긋한 냄새, 따뜻한 미소, 다정한 말투, 부드러운 포옹을 쉴 새 없이, 여의치 않다면 규칙적으로라도 제공해야 합니다.

♡ 온몸으로 느끼는 행복과 불행

앞에서 생후 3년까지는 언어 능력이 충분히 발달하지 못해 기억을 잘 못한다고 했는데, 이 시기에는 외부 상황을 개념화하지도 못합니다. 그렇다면 자신이 안전하지 않은지 아이는 어떻게 알까요? 이를테면 이 시기에 사람들로부터 불친절하고 가혹하게 다루어졌다 해도 본인이 그런 상황을 개념화하지도 못하고 기억도 못하는데 어떻게 알겠느냐는 의미입니다. 안타깝게도, 아이는 '온몸으로' 압니다. 아이에게 부정적 경험이 신경생물학적 손상으로 남기 때문입니다. 물론 한두 번이 아닌, 만성적이거나 자주 반복되었던 상황일 때 그렇지만요.

스트레스 반응 체계라는 것이 있습니다. 자율신경계와 시상하부-뇌하수체-부신축으로 이루어진 이 체계가 과잉 활성화되면 아드레날린, 코르티솔 같은 스트레스 호르몬이 지나치게 분비됩니다. 아이가 비록 "나 지금 스트레스받고 있어"라고 말은 못해도 불안하고 위축되는 상황에 놓이면 성인과 똑같이 스트레스 반응 체계가 과잉 활성화되어 독성 물질이 분비되고 이는 신체와 뇌에 남겨집니다.

어렸을 때 애벌레를 막대기로 찔러보는 친구가 꼭 한두 명씩 있었지요. 다른 친구들은 징그럽다고 가까이 가지는 못하고 멀찍이서 지켜보았고요. 보무도 당당하게 꿀렁꿀렁 기어가는 애벌레를 막대기로 찌르면 등을 활처럼 구부린 채 꼼짝하지 않지요. 이것이 스트레스받은 상태입니다. 마찬가지로 아이도 스트레스를 받으면 몸을 구부리고 위축되는 모습을 보입니다. 그때 당연히 독성 물질이 분비되고요. 이와 반대되는 상황은 갓난아이를 엄마가 부드럽게 안아 따뜻한 욕조에 천천히 눕힐 때, 혹은 아이가 세상 해맑은 얼굴로 발차기할 때입니다. 등을 쫙 펴면서 다리도 쭉 뻗는 게 보기만 해도 편안하고 기분 좋은 상태임을 알 수 있지요. 스트레스받을 때는 등을 편 편안한 모습이 절대 나오지 않습니다.

과잉 활성화된 스트레스 반응 체계가 아주 어렸을 때부터 반복되고 패턴화된다면 이후에도 계속 영향을 미칠 수밖에 없겠지요. 1부에서 생후 3년간 안정 애착이 형성된 아이는 생애 첫 사회생활(보육 기관 적응)을 잘하고 이때의 경험치가 쌓여 이후에도 계속 잘 지낸다고 설명했는데, 신경생물학적 흔적 또한 경험만큼이나 인간의 평생에 걸쳐 영향을 미칩니다. 아이 몸속에 독성 물질이 자주, 많이 분비되면 이후 동일한 스트레스 상황에서 자동으로 과잉 분비됩니다. 성인들도 똑같이 부정적인 피드백을 받아도 누구는 의연하게 잘 대처하고 누구는 금방 얼굴이 붉어지며 굉장히 힘들어하는데, 단순히 성격이나 대처하는 기술의 차이가 아니라 근본적인 신경생물학적 토대의 차이일 수 있습니다. 그리고 이런 토대가 아주 어렸을 때부터, 즉 감정 뇌가 안정되어야 하는 시기부터 형성되었을 가능성이 큽니다.

♡ 아이를 웃게 하면 오늘 육아는 끝!

다행히 아이의 스트레스는 해소와 회복이 아주 빠르므로 안심해도 됩니다. 스트레스의 본질적 정의는 '신체의 항상성을 깨뜨릴 수 있는 외부 세계의 어떤 것'입니다. 그렇다면 이 항상성을 회복하기만 하면 사태가 종료되겠지요. 감기에 걸려서 신체 항상성이 깨져 고열과 기침이 났지만 항상성이 회복되면서 증상이 사라지는 것처럼요. 그렇다면 아이는 어떻게 항상성을 회복할까요? 부모가 안아주고 배고프지 않게, 춥지 않게, 무섭지 않게 보호해주면 됩니다. 그러면 독성 물질이 쌓일 새가 없습니다. 잠깐 분비되는 건 어쩔 수 없더라도 장기간 많이 쌓이지는 않으며, 이미 쌓였어도 빠르게 빠져나갑니다.

이 놀랍도록 빠른 능력은 아이만의 특권인 듯싶습니다. 어른과 달리 아이는 그저 부모만 옆에 있으면 스트레스 상황에서도 재빨리 안정되거든요. 우리를 전쟁 난민이라고 가정해봅시다. 아이들은 그런 상황에서도 어느 정도 배부르고 몸이 크게 아프지 않는 한, 밖에서 공놀이하며 놉니다. 깔깔대며 웃기도 하고요. 하지만 어른들은 언제 또 폭격이 시작될까 '예상'하고 미리 '걱정'하느라 잠시도 안정되지 못한 채 내내 불안해하지요. 타고난 아이의 특권 덕분에 부모 또한 이 시기는 마음만 비우면 아주 평온하게 보낼 수 있습니다. 육아 기간 중 몸은 가장 힘들지만 심적 부담은 가장 낮을 때입니다. 특별한 육아 기술도 필요하지 않습니다. 육아 3단계로 넘어가면, 아니 어떤 아이는 육아 2단계만 되어도 부모가 안아주는 것만으로는 항상성이 회복되지 않기 때문에 특별한 육아 기술이 필요해집니다. 말도 안 되는 언어와 논리, 무책임한 행동으로 자신의 부정적 상황을 지나치게 확대해석하면서 스스로 피해자라고 생각하거나 "엄마 때문이야, 엄마 탓이야" 하면서 화내기 때문에 부모가 가장 힘든 시기로, 매일같이 묘책을 짜내야 합니다. 그에 비하면, 지금 이 시기에 필요한 건 오직 하나, 인내심이라고 할까요? 아이가 울고 또 울고 보채고 또 보채도, 참고 또 참으며 안정되도록, 즉 항상성을 회복하도록 버텨줘야 하니까요.

앞에서 언급한 스트레스 호르몬인 코르티솔의 원래 역할은 위급한 상황에서 정신 차리고 대처하도록 돕는 것입니다. 다만 그런 상황이 종료된 후에는 금방 정상화되어야 하는데, 그렇지 못하고 계속 과잉 분비되면 오히려 인체에 굉장히 나쁜 영향을 미칩니다. 그중에서도 가장 나쁜 영향은 기억력을 담당하는 해마의 기능을 위축시킨다는 것이지요. 해마가 제 기능을 발휘하지 못하면 어느 연령대에서도 기억과 학습에 문제가 생기지만 가장 폐해가 심각한 시기는 노년기입니다. 단순한 기억 저하를 넘어 치매로 이어질 수 있으니까요. 실제로 스트레스를 많이 받았을수록 나이 들어 기억력 저하를 비롯한 치매 증상도 더 많이 나타납니다. 그런데 동물 연구를 통한 흥미로운 결과에 의하면, 생쥐를 자주 어루만져줄수록 코르티솔의 분비가 적고, 이 생쥐가 자라 나이 들어서도 계속 그렇다는 것입니다. 반대로 생애 초기에 겪은 어려움(스트레스)에 의해 코르티솔 분비의 기초값(디폴트 default)이 높았다면 나이 들어서도 많이 분비되어 그만큼 질병과 치매 위험성도 높아집니다. 우리가 아이를 자주 안아주고 웃게 하고 편하게 해주면 코르티솔이 적게 분비되어 아이가 건강하게 자랄 뿐 아니라 나중에 나이 들어서도 고생을 덜 하게 된다는 것이니 '어릴 때 3년 투자'의 가치는 실로 대단하다고 할 수 있습니다.

아이의 감정 뇌가 안정적으로 발달하고 있다는 것을 알 수 있는 강력한 지표가 있습니다. 바로 아이의 미소와 웃음, 특히 행복 호르몬에 취해 눈이 감길 정도로 활짝 웃는 표정입니다. 억만금을 줘도 살 수 없는 그 황홀한 표정 한번 보겠다고 부모가 이 고생을 하지 않나 싶습니다. 아이가 이런 표정을 매일 지을 수 있다면 육아 1단계에서는 더 이상 할 일이 없습니다.

이 시기 육아에 목표가 굳이 필요할까요? 아프지 않고 배부르고 잘 자고 웃으면 끝입니다. 여러분은 어렸을 때 잘 웃었다고 하나요? 사진을 보면 온통 웃는 얼굴이던가요? 크게 아프지 않았고 부모님과 손잡고 자주 놀았던 기억이 있나요? 아빠가 비행기를 태워주고 엄마가 발바닥을 간질이면서 웃게 해주었나요? 무엇보다, 엄마 아빠가 여러분을 볼 때마다 활짝 웃으면서 안아주었나요? 그렇게 컸다면 비록 당시의 일이 기억나지 않더라도 감정 영역이 안정되게 잘 발달했을 것입니다. 이제 아이에게 그것을 '돌려주면' 됩니다. 만약 돌려줄 게 없다면, 그래도 아니 그러니 더욱, 지금부터 아이에게 '주면' 됩니다.

(2) 육아 2단계: 언어 중심 육아기(3~10세)

3세에서 10세까지는 좌반구에 초점을 맞춘 육아로, 언어를 매개로 아이를 키우는 시기입니다. 언어의 본질적 특성인 듣기, 말하기는 물론이고, 사회생활의 기본이 되는 의사소통 능력과 사고력을 키우도록 도와주어야 합니다. 하지만 여기서 다루려는 것은 '언어 발달' 자체가 아니며, 부모와 아이가 주로 '말'로 상호작용하는 시기에 특별히 어떤 점을 중점적으로 신경 쓸지에 대한 이야기입니다. 혼동하지 않길 바랍니다.

이 시기에 부모가 신경 써야 할 핵심 과업은 '학습 능력'을 갖추게 하고 '자기 개념화'를 점검해주는 것입니다. 학습 능력은 '세상이 어떤 것인지' 파악하는 것이고, 자기 개념화는 '내가 세상을 어떻게 받아들이는지' 인식하는 것입니다.

학습 점수보다 학습 능력이 더 중요하다

학습 능력을 갖추게 한다는 건 언어나 수數 같은 상징체계(인간이 의사소통하는 데 필요한 수단으로 추상적 개념이나 사물을 문자, 기호, 숫자 등으로 나타낸 것)를 익혀 세상을 이해하고 소통하며 분류할 수 있는 능력을 키워준다는 의미입니다. 상징체계가 왜 필요할까요? 광활한 현실을 뇌에 다 담을 수 없기 때문입니다. 체계로 변환해야 세상을 빠르게 이해하고 다른 사람들과 원활하게 소통할 수 있지요. '엄마'를 '예쁘고 상냥하고 멋지며 늘 맛있는 걸 주시는 분'이라고 지칭해야 한다면, 뒤의 설명이 반드시 '엄마'가 아닐 수도 있어서 의사소통에 혼란이 올 수 있고 설명이 너무 길어 몇 마디 나누기도 전에 지치겠지요. "아침밥 먹은 후 선생님과 아이들이 있는 곳에 가야 해" 대신 "아침 8시 30분까지 학교에 가야 해"라고 하는 게 훨씬 분명하게 의사를 전달하겠고요.

그런데 부모들이 학습 능력과 학습 점수를 많이 혼동합니다. 학습 점수는 특정 지식에 대한 시험 점수인 데 비해 학습 능력은 학교 다닐

때뿐만 아니라 평생에 걸쳐 계발하고 신장하는 것입니다. 졸업 후 일이나 결혼 생활을 시작하든 이직하든 어디에 가도 잘 적응할 수 있으려면 필요한 건 학습 점수가 아니라 학습 능력입니다. 학습 점수가 높다면 학습 능력도 높다고 생각하기 쉽지만 반드시 그런 건 아닙니다. '학교에서 우등생이라고 반드시 사회에서도 우등생은 아니다'라는 말처럼요. 반대로 학습 점수가 낮더라도 학습 능력이 높을 수 있습니다. 진정한 적응력은 학교에서 받는 시험 점수가 다가 아니라는 건 너무도 당연합니다. 그럼에도 부모는 아이의 시험 점수에 울고 웃지요. '오늘'의 점수가 '내일'의 대학을 결정짓고 그 대학이 '미래'의 삶을 결정짓는다는 너무도 단순한 연결성에 진지하게 과몰입합니다.

아이가 높은 점수를 받아온다면 기쁜 일이지요. 본인의 노력이 '하나의' 결실을 맺었으니 축하해줘야지요. 반대로 아이가 낮은 점수를 받아왔을 때 사람인 이상 기뻐할 수는 없다 하더라도 크게 실망하거나 화낼 필요도 없습니다. 그것에 신경 쓸 겨를이 없습니다. 그럴수록 부모는 지금 아이의 시험 점수는 낮더라도 학습 능력은 여전히 잘 계발되고 있는지 살펴봐야 합니다. 어떤 아이의 학습 능력은 국·영·수 영역에서 나타나지만 또 어떤 아이의 학습 능력은 교과서를 벗어나 세상에 대한 이해와 판단, 감각과 감정, 도덕심, 예술 등의 영역에서 나타납니다. 밝은 얼굴로 무언가 하나에 열중하고 눈을 맞추며 대화하고 올바르게 살려고 노력하는 한 아이의 학습 능력은 전혀 문제없이 무럭무

럭 자라는 중입니다. 물론 그 '무언가 하나'가 게임이어서 그것에만 몰입한다면 조정과 제재가 필요하지만 그 외 적응에 전반적으로 문제가 없다면 장차 아이의 직업이 그쪽으로 풀릴 수도 있으니 무턱대고 실망감을 드러내기보다는 넓은 시각에서 볼 필요가 있습니다.

학습 능력에는 '비인지적 능력'도 포함됩니다. 아니, 이 능력이 훨씬 큰 비중을 차지합니다. 교과목을 이해하고 암기하는 것이 인지적 능력이라면 비인지적 능력이란 창의성, 대인관계 능력, 끈기, 열정, 자제심, 배려심, 책임감, 성실성, 역경 극복 능력, 생명 존중의 마음 등 그야말로 '세상을 살아가는 데 필요한 능력'들이지요. 최근에는 이 능력이 아이의 성공과 행복을 결정짓는 데 훨씬 더 중요하다고 간주합니다. 비인지적 능력이 온전히 체화되려면 육아 3단계에 이르러서야 가능하지만 그 개념화가 시작되는 시기가 육아 2단계이므로 출발을 잘할 수 있도록 부모가 도와주어야 합니다.

다시 한번 강조합니다. 아이의 학습 점수가 아니라 학습 능력이 잘 계발되고 있는지 관심을 기울이기 바랍니다.

자기 개념화 점검해주기

이 단계의 두 번째 과업이라고 한 '자기 개념화 점검'에 대해 살펴보겠습니다. '자기 개념화'가 좀 어려운 용어라 금방 이해되지 않으실 텐데요. '세상을 어떻게 개념화하고 있는지', 더 쉽게 말하자면 '세상을 무엇으로 이해하고 정의하는지'의 의미입니다. 자기 개념화는 두 가지 차원으로 이루어지는데 하나는 '객관적 개념화'이고 또 다른 하나는 '주관적 개념화'입니다.

아이가 처음 말을 배우기 시작해 '우유' '물' '자전거' '강아지' 같은 사물의 이름을 하나씩 알고 말할 때마다 부모의 희열은 이루 말할 수 없습니다. 이때 부모는 외부 사물을 '올바른' 명칭으로 가르쳐주고자 애씁니다. 호랑이를 고양이로 잘못 알거나 '호라니'로 서툴게 발음하면 얼른 고쳐주지요. 이 과정이 '객관적 개념화'입니다. 주변 사물을 '다른 사람들이 부르는 그 이름(개념)'으로 명명화하는 단계입니다. 이런 명명화와 개념화가 쌓이고 쌓여 지식의 양이 늘어나지요. 따라서 이 차원에서는 최대한 다른 사람의 개념화와 일치하는 개념화를 하는 것이 목표입니다. 강아지를 '강아지'로, 하늘을 '하늘'로 부르는 것이지요.

반면 '주관적 개념화'는 다른 사람과 '다르게' 개념화하는 것입니다. 예를 들어 어떤 아이가 '파란' 하늘을 '빨간'색으로 그렸다면 부모는 '이것은 개념화 오류인가, 창의성의 발현인가?' 고민할 것입니다. 전자라고 판단되면 수정해주려 할 것이고 후자라고 판단되면 미술학원을 알아보겠지요. 제 경험상 후자의 판단을 내리는 부모가 훨씬 적습니다. 대부분의 부모, 특히 우리나라 부모는 객관적 개념화를 굉장히 중요하게 여기고 관심을 많이 기울이며 오류가 있다 싶으면 얼른 수정해주려 합니다.

그런데 많은 부모가 주관적 개념화에 대해서도 깊은 관심을 기울여야 한다는 사실을 모릅니다. 특히 관심 두어야 할 것은, 하늘을 빨간색으로 그리는 식의 외부 사물에 대한 인식보다 아이가 자신에게 일어난 일들을 '무엇'이라고 해석하느냐 하는 '자기 인식'입니다. 엄마가 둘째 아이가 집에 왔을 때는 건성으로 맞으며 "식탁에 간식 있으니 먹어라" 하고 서둘러 나갔다가 저녁 무렵 돌아와 첫째 아이가 집에 왔을 때는 반갑게 안아주며 간식을 챙겨주었던 집에서 일어난 일입니다. 사실은 엄마가 둘째 아이가 귀가하는 시간에 파트타임으로 일해야 해서 서둘러 나갔고 저녁에 퇴근한 후에는 마음이 편해져 첫째 아이를 반갑게 안아주었던 것이지만, 둘째 아이는 '엄마는 형만 좋아해. 엄마는 날 싫어해. 엄마는 나만 싫어해' 이렇게 개념화하고 있었습니다. 다행히 빨리 발견해서 오해를 풀었지만 아이의 마음속에 '날 싫어하는 엄마, 사람들이 싫어하는 나'라는 개념이 형성되면 그 영향이 평생 얼마나, 정말 얼마나 아이 자신을 괴롭히는지 부모님이 먼저 아실 겁니다.

개념화에서 또 중요한 것으로 '감정 개념화'가 있습니다. 슬프거나 화날 때, 아프거나 다쳤을 때 감정을 억압하지 않고 직면해 인식하게 하는 것입니다. 아이가 어릴 때 책상 모서리에 부딪히면 책상을 때리는 시늉을 하며 "떼끼! 왜 그랬어, 우리 아가를?" 이렇게 할 때가 많지요. 일단은 아이가 울음을 그치고 진정되지만 이런 상황이 반복되다

보면 아이는 세상에 대한 통제성을 갖지 못하고 자라면서 자기 삶에 책임감을 갖지 못하게 될 수 있습니다. "다쳤구나. 아프지? 눈물 나지? 다음에는 조심해야겠지?" 이렇게 차근차근 알려주면서 감정을 개념화할 수 있도록 도와주어야 커서도 자기 감정을 잘 인식하고 솔직하게 표현하며 잘 대처하게 됩니다.

'자기 개념화 **점검해주기**'라고 한 건 열 살 이전의 아이가 자기 개념화를 정확하게 알고 스스로 수정하는 데는 한계가 있으니 부모가 도와주어야 하기 때문입니다. 열 살 이전의 아이는 학교에서 친구가 "이 바보 멍청이, 찌질이"라고 말하면 진짜 자신을 그런 사람이라고 생각하며 괴로워합니다. 친구 한 명이 아니라 서너 명이 둘러싸고 말한다면 아예 아이의 머릿속에 인이 박이겠지요. 아이가 자신에 대해 자기도 모르게 잘못 개념화하는 것을 점검해 그 덫에서 빠져나오도록 해줘야 합니다. 이 시기에 부모가 해야 할 정말, 정말 중요한 일입니다.

말도 중요하지만 마음은 더 중요하다

자기 개념화를 잘 점검해주려면 평소 아이가 하는 말을 잘 들어봐야 합니다. 불안, 불평, 빈정거림, 자기 비하 등의 말을 많이 하면 차분하게 이야기해봐야 합니다. 예를 들어, 아이가 "엄마는 나만 미워해!" 했을 때 "저, 저, 저 철없는 녀석, 배가 불렀군" 하거나 "뭘 너만 미워해? 네가 잘못한 거 맞잖아. 잘못해서 야단쳤는데 반성은 안 하고" 한다면 비록 그 순간은 얼핏 넘어가는 듯 보이지만 아이의 마음속에 남겨진 오誤개념은 나중에 또 부모와 대치하는 상황을 만듭니다. 반드시요. "너 정말 그렇게 생각하는 거 아니지? 그래도 왜 그렇게 생각했는지 궁금하네." 이렇게 대화의 물꼬를 터 이유를 들어보고 엄마의 사랑을 확신시켜주고 안아주면서 그동안 겪었을 마음고생을 끝내도록 해줘야 합니다.

또 다른 예로, 아이가 "난 정말 멍청해"라고 한다면 "네가 멍청하다고? 왜 그렇게 생각해?" 이렇게 대화를 시작할 수 있겠지요. "반 아이들 모두 나한테 멍청하다고 하니까"라고 말한다면 상황을 잘 들어보고 정리해주세요. 모든 친구가 아니라 일부 친구들이 그런 것이며 친구의 말이 항상 맞는 건 아니라는 것, 친구를 얕보는 말을 하는 건 잘못이라는 것 등을 알려주면서 아이의 개념을 바로잡아주어야 합니다. 선생님에게 도움을 요청해야 할 수도 있고요.

이렇게까지 해야 하는 이유는 '말'에는 기본적인 생각이나 신념이 깔려 있으며, 이런 생각이나 신념이 쌓여 가치관과 정체성을 형성하기 때문입니다. 엄마 대신 외할머니에게 애착이 되었던 여성이 있었습니다. 그녀는 할머니가 습관적으로 내뱉던 "여자는 죄가 많다"는 말을 내재화했으며, 이는 그녀의 정체성에 포함되어 성인이 된 후 연인이나 부부 관계에서 늘 눈치를 보며 살아왔습니다. 심지어 폭력을 당하는 상황에서도 무력하게 위축되기만 했습니다. 아버지에게 매일 맞고 사는 어머니나 일찍 돌아가신 할아버지 대신 갖은 고생을 하며 사는 할머니를 보며 할머니의 말이 사실이라고 믿게 되었던 것이지요.

'말'의 힘이 이렇게 크니 모든 사람이 자신만의 '스토리'를 갖게 됩니다. 이 스토리의 주인공(본인)은 어떤 역경을 겪었고 어떻게 극복해왔을까요? '반 아이들로부터 멍청하다고 놀림받은' 혹은 '태어날 때부터 죄를 갖고 태어난' 캐릭터로 살지, '그런 말을 들었지만 사실이 아니기에 개의치 않고 당당하게 지내는' 캐릭터로 살지, 부모가 적시에 해주는 지도가 가히 '아이의 운명을 가른다'고 할 수 있습니다.

문제가 생겼을 때 적시에 지도하는 것도 중요하지만 부모가 늘 '좋은 말'을 하는 것은 더욱 중요합니다. 말로 키우는 시기니 그 말의 원재료가 무해하고 건강해야겠지요. 부모가 먼저 부정적이거나 비아냥거리는 말을 하지 않도록 조심하길 바랍니다. 이런 말은 아이에게 비수처럼 꽂혀 마음을 참 아프게 합니다. 인간처럼 말의 힘에 휘둘리는 존재도 없으니까요. 어떤 말을 해줘야 할지 모르겠다면 최근 몇 년 사이 말의 중요성을 강조하는 책이 많이 나와 있으니 도움받아보기를 권합니다. 성인은 말할 것도 없고 아이와의 관계에서도 바람직하게 대화하는 방법을 안내하는 책이 많아 잘 활용할 수 있습니다.

다만, 말 이전에 더 중요한 건 '마음'입니다. 말에 관한 책이 많이 나오는 것이 어떻게 보면 광풍이다 싶을 만큼 유행으로 느껴져 언어심리학 교수님과 이야기해본 적이 있는데 이런 말을 들었습니다. "말이 걸으로 표현되는 것이다 보니 그나마 자신이 뭔가 해볼 수 있는 부분이라고 생각하는 것 같아요. 마음을 바꾸기는 힘들지만 말버릇이나 말투 등은 조금만 신경 쓰면 바꿀 수 있다는 것이지요. 문제는 말 습관만 바꾸면 삶의 모든 문제가 해결된다는 식의 논지를 담은 책 혹은 광고예요. 책에서 말하는 대로 해보지만 결국 또 원점으로 돌아가니 이내 지치기도 할 겁니다." 말 이전에 먼저 마음을 들여다봐야 한다는 걸 다시금 생각하게 됩니다.

그러니 부모는 아이를 대할 때 늘 먼저 순하고 정갈한 마음 상태에 있도록 애써야겠습니다. 마음이 '바글바글'하면 말도 험하게 나올 수밖에 없으니까요. 세상 모든 사람에게 순하고 정갈한 마음을 갖는다는 건 불가능하지만 적어도 아이에게만큼은 가능하지 않을까요? 특히 열 살 이전의 아이에게 무슨 대단하게 복잡한 마음이 들 수 있겠어요? 부모가 자신의 스트레스를 투사하지 않는 한, 그저 귀엽고 예쁠 때잖아요. "사랑해", "고마워", "미안해", "네가 옆에 있어 참 좋아. 네가 함께해서 참 즐겁고 행복해" 등의 말부터 아낌없이 해주세요.

앞에서 말은 상징체계라고 했습니다. 상징체계는 현실 그 자체가 아니라 현실에 대한 일종의 암호라고 할 수 있지요. 따라서 부모와 아이가 같은 말을 하는 것 같아도 아이의 말속에 숨겨진 암호가 있지 않은지 잘 살펴봐야 합니다. 한편으로는, 아이가 무슨 대단한 암호를 숨겨놓아서가 아니라 언어화하는 능력이 부족해 자신의 경험을 선명하게 개념화하지 못하고 말이 진흙처럼 뭉쳐져 있기도 합니다. 특히 불행한 일을 겪었을 때 그렇습니다. 상담실에서 어렸을 때 성추행당했던 내담자가 '자신의 탓'으로 돌리는 걸 정말 많이 봅니다. 그때 "절대로 네 잘못이 아니란다. 사고였을 뿐이야. 그런 상황에 놓이게 해서 미안해. 이제 괜찮아. 앞으로는 그런 일이 일어나지 않도록 엄마가 잘 보살필게. 사랑해, 우리 딸(아들)" 이런 말로 상황을 명료하게 정리해주었다면 해프닝으로 여기고 씩씩하게 잘 살아왔을 것입니다. 혹시라도 아이에게 부정적인 일이 생긴다면 부모 마음 힘든 건 당연하겠지만 얼른 추스르고 차분하게 대화를 나누고 위로하고 안심시켜주어야 합니다. '상황이 종료되었음'을, '네 잘못이 아님'을 반드시 알게 해줘야 합니다. 부모가 힘에 부치면 전문가의 도움을 받아서라도 반드시 '그때' 그렇게 해야 합니다.

아이를 키우면서 그나마 '말로' 문제를 해결할 수 있을 때가 얼마나 행복한지 모릅니다. 다음 단계인 육아 3단계로 들어가면 부모의 보석 같은 말로도 금방 해결되지 않는 일이 많이 생기니까요. 그건 또 그때 해결하기로 하고, 지금 이 시기의 '온건하고 평화로운' 육아의 시간을 맘껏 누리면 좋겠습니다. 아이가 열 살이 되기까지는 육아의 황금시대, 태평성대입니다. '말의 성찬'을 잘 차려내 매일매일을 맛깔나게 지내시길 바랍니다.

(3) 육아 3단계: 사고 및 행동 중심 육아기(10~20세)

육아의 마지막 3단계는 전두엽에 초점을 둔 육아로, 통합적 사고력을 토대로 실행력을 이끌어내는 시기입니다. 2단계의 핵심이었던 말은 여전히 중요하지만 부모의 말발이 급격하게 약해집니다. 양육 전략을 바꿔야 합니다.

♡ 부모의 말보다 행동이 더 중요한 시기

이 시기가 되면 아이가 예전만큼 부모 말에 귀 기울이지 않습니다. 귀만 안 기울이면 그나마 넘어가겠는데 고개를 저쪽으로 획 돌리고 입을 삐죽대거나 이쪽으로 획 돌려 쏘아붙이기도 하지요. 갑자기 부모를 '꼰대' 취급하지 않나, 유치하고 자기중심적이며 속물스럽다고 몰아붙이지 않나, 왜 그럴까요?

우선 이 나이쯤에 이르면 부모의 레퍼토리가 바닥납니다. 매일 비슷한 말을 하게 되지요. 아이 편에서 듣자면 "안 돼, 그것도 안 돼, 하지 마, 그것도 하지 마, 먼저 공부해, 나머지는 다 나중에" 이런 내용 아닐까요. 들어도 새로운 내용이 없으니 '이 바쁜 세상에' 굳이 부모의 말을 들을 이유가 없습니다. 열 살 넘은 아이들은 개인 비서가 필요할 만큼 너무도 바쁘니까요.

두 번째는 부모 외에도 말을 하는 사람이 많아져서입니다. 친구, 선생님, 하다못해 유튜버까지, 그렇게 말하는 사람이 많아지면 뇌는 엄청난 에너지 소비를 막기 위해 '단순화' 기제를 가동합니다. 그에 따라 귀 기울일 대상의 순위가 정해지는데 부모는 '중요성'이나 '흥미'의 기준에서 다른 존재들보다 밀립니다. 앞에서 보았듯 '뻔한' 말을 하니까요. 아이들이 일부러 부모의 말을 폄훼하기도 합니다. 그래야 자신이 부모 말을 신경 쓰지 않는 것이 정당해지니까요. 그래서 언젠가부터 부모의 말이 마치 '백색소음'같이 돼버립니다. 아이가 처음 걸을 때는 온 정신을 기울여 집중하지만 이내 더 이상 신경 쓰지 않고 걷게 되는 것처럼요.

세 번째는 아이 내적으로 말, 즉 개념이 엄청나게 축적되는 중이라 외부에서 들려오는 말까지 처리할 여유가 없어서입니다. 그동안 머릿속에 들어온 개념만으로도 소화하기 벅찬데 하루 자고 일어나면 또 교과서, 친구들과의 대화, 소셜네트워크상의 개념 등 산더미 같은 개념이 밀고 들어오지요. 교과서의 개념은 무작정 외우기만 하면 되지만 그 외 친구 관계를 비롯한 사회적 개념은 하루가 멀다 하고 변하니 매번 적응하느라 정신을 차릴 수 없습니다. 사랑인가 했더니 우정이라 하고, 우정인가 했더니 비호감이라 하고, 소속됐다고 생각했더니 왕따 당하고, 성性에 대해 잘 알면 수군거리고 모르면 촌스럽다 비난받고, 게임을 잘해 친구들이 "짱"이라 부르면 부모로부터는 용돈이 끊깁니다. 하루에만도 네다섯 개의 인격으로 사는 느낌일 것입니다. 수많은 개념 사이에서 좌충우돌하는 모습이 태풍 속 조각배와 다름없습니다.

이런 상황에 있는 아이를 부모는 어떻게 키워야 할까요? 결론부터 말하면, 이제 말을 대폭 줄여야 합니다. 대신 행동으로 몸소 보여줘야 합니다. 공부하라는 말 백번 하느니 부모가 먼저 항상 책을 읽고 규칙적으로 사는 모습을 보이는 게 백배 낫습니다. 금방은 아니더라도 그 영향력이 아주 크지요. 또한 부모가 성실하고 타인을 배려하는 모습을 보이면 굳이 "성실하게 살아야 한다", "예의 바른 사람이 되어라" 등의 말을 입에 달고 살 필요가 없습니다. 한마디로 부모는 이제부터 아이의 롤모델 또는 멘토가 되겠다는 목표를 가지면 좋습니다. 단, 말은 적게 하는 롤모델 또는 멘토가 되어야겠지요.

태풍 속 조각배는 어디를 보고 항해할까요? 등대입니다. 부모가 그 배의 선장 노릇을 하려 해봤자 배가 산으로 가는 속도만 높일 뿐입니다. 차라리 약간 거리를 두되 언제나 아이가 방향의 기준으로 삼을 등대처럼 있어줘야 합니다. 세파에 휘둘리지 않고 늘 그 자리에 있는 등대로요. 아이가 파도에 휩쓸릴수록 등대처럼 견고하게 자리를 지키는 부모가 되어주세요. 그리고 늘 반짝반짝 불빛을 보내는 등대처럼 '그럼에도 널 사랑한다'는 메시지를 반짝반짝 보내주시지요.

♡ 아이와 협상이 필요한 시기

이때의 아이는 자기만의 논리가 있으며, 그 논리가 우연히 부모의 말과 같은 방향일 때 순종하는 듯 보이는 것이지 겉 다르고 속 다른 경우가 다반사입니다.

한번은 후배가 전화를 걸어 자신의 상황을 털어놓았습니다. 중학교 2학년 아들이 부모와 대화하지 않고 심지어 밥도 같이 먹으려 하지 않는다고요. 어떤 상황인지 좀 더 물어본 후 아이가 좋아하는 일을 같이 해보라고 권했는데 일주일 후 다시 전화가 왔습니다. 제 말을 듣고 아이에게 "옷 사줄 테니까 같이 나가자" 했더니 냉큼 일어나기에, 그날은 옷도 사고 외식도 하며 즐겁게 보냈고 '이제 좀 마음을 여나 보다' 하고 안심했답니다. 하지만 웬걸, 옷만 덥석 가지고 제 방으로 들어가서는 다시 예전 모습으로 돌아갔다는군요. 청소년들은 자기가 원하는 것과 방향이 같으면 잠시 협조하는 척, '같이 노는 척'하지만 속마음은 이미 부모와 다른 곳에 가 있습니다. 아주 이기적으로도 보이는 이런 모습에 부모는 속상하겠지만 한편으로는 그 나이대 평균적인 모습이기도 하니 지나치게 애끓이지 마시기 바랍니다.

후배의 속상함을 전화 한 번으로 해결해보려 했지만 실패했기에 미안하기도 해서 다음 단계를 시도해야 할 것 같으니 한번 찾아오라고 했습니다. 그때 후배 부부에게 들려준 '사춘기 아이와 잘 지내는 법' 몇 가지를 소개해보겠습니다.

자기만의 사고력을 갖기 시작하는 열 살 이후의 아이, 즉 사춘기에 들어선 아이와 잘 지내려면 어떻게 해야 할까요? 첫째, 아이의 생각을 100퍼센트 인정해야 합니다. 비록 부모 눈에는 많이 어설프고 극단적으로 이분법적인 사고도 보이지만 통합적 사고력을 갖추기 전에 모든 것을 회의해보는 때이므로 어쩔 수 없습니다.

둘째, 아이의 생각을 100퍼센트 인정하되 부모 역시 100퍼센트 자신의 생각이 있음을 알리고 협상해야 합니다. 비즈니스 용어처럼 들리는 '협상'이라는 말을 쓴 건 그 정도로 아이를 무시하지 말고 중요한 사업의 파트너처럼 대우하면서 격식 있는 대화를 하라는 뜻입니다. 가정만큼 중요한 사업도 없을 테니까요. 협상이란 서로가 '윈-윈'할 수 있는 방법을 찾는 것입니다. 그러다 보면 양측 모두 100퍼센트의 지점에서 조금씩 양보할 수밖에 없는데 가장 이상적인 비율은 50 대 50이겠지만 상황에 따라 60 대 40, 혹은 40 대 60 식으로 바뀌겠지요. 아이 생각을 100퍼센트 인정하라고 한 건, 협상하다 보면 아무래도 아이 입장에서는 자신이 반이나 양보한다는 생각이 들 수밖에 없고 그러면 당연히 기분이 좋지 않으므로 처음에라도 자존심을 세워주자는 의미도 있습니다.

후배 부부는 아이에게 방 안에 주로 있더라도 '식사는 같이 하기', '적어도 30분 이상은 밖에 나가서 산책이나 운동하고 오기' 등의 협상안을 제시했습니다. 각 가정마다 문제의 내용이 다를 테니 일반화된 안을 제시하기는 힘들지만 맥락은 파악하셨을 것입니다. 모든 상황에서 협상하는 건 불가능하니 정말 중요하게 여기는 일부터 시작하면 됩니다. 이 부부는 가족 간의 대화와 유대감을 가장 중요하게 여겼기 때문에 이런 협상안을 만들었지만 다른 가정에서는 또 중요하게 생각하는 부분이 다르겠지요.

앞에서 사춘기 아이에게는 부모가 말을 아껴야 한다고 했는데, 이런 협상 과정에서 회포를 다 풀 수 있습니다. 협상할 때는 오히려 말을 많이 하고 잘해야 하니까요. 그래도 부모님이 흥분해서 자기 이야기만 할까 봐 노파심에 한 말씀드리자면, '토론하듯이' 대화하라는 것입니다. 토론이란 어느 한쪽이 일방적으로 주장하는 것이 아니라 서로 번갈아 이야기하는 것입니다. 그리고 상대방의 말에 즉각적으로 감정적인 반응을 보이면 토론자로서의 품격이 떨어지지요. '토론의 감각'을 갖고 아이와 대화하기 바랍니다.

협상에 깔린 육아의 기제는 아이에게 '권한 부여하기'입니다. 말 그대로, 아이에게 권한을 주는 것이지요. 이전까지는 부모가 모든 권한을 갖고 아이에게 일방적으로 지시했다면, 이 시기부터는 아이에게도 권한을 부여해 "너는 어떻게 생각하니?", "너는 그렇게 생각하는구나. 하지만 이런 문제는 생각해보았니?" 하는 식으로 대화해야 합니다. 단, 결정에는 자신이 책임져야 할 부분이 있다는 것, 그리고 부모가 도저히 수용할 수 없는 부분도 있다는 의미의 '한계 설정'에 대해서도 당연히 알려주어야 합니다.

왜 이렇게까지 해야 할까요? 전두엽이 본격적으로 발달하기 시작한다는 것은 아이가 자신의 브레인을 갖는다는 의미입니다. 이제 '우리 집'에 '1인 1브레인'의 시대가 시작된 것입니다. 이전까지는 부모가 대장이고 부하인 아이는 대장의 브레인에 맞춰 살았지만 이제부터는 가족 수만큼의 대장, 다시 말하면 가족 수만큼의 브레인이 존재하게 됩니다. 한강이 아무리 큰들 작은 강에게 "너희는 아직 강이 되려면 멀었으니 내 말을 따르라"라고 할 수 없듯 부모의 브레인이 아무리 훌륭해도 아이 브레인의 독자적인 존재감을 대체할 수는 없습니다. 심지어 문명의 발달이 가속화되면서 요즘 아이들의 브레인은 우리 어릴 때와는 비교도 되지 않을 정도로 탁월함을 보입니다. 스마트폰 사용이나 인터넷 검색, 소셜네트워크, 가상현실, 비트코인, 코딩, 게임 등 부모가 아이보다 오히려 지식이 달리는 경우도 이미 허다합니다.

아이가 자신의 브레인을 발달시키는 궁극적인 목표는 부모로부터 독립하기 위함입니다. 생명체의 온전한 목표이기도 하지요. 저의 전작《아이가 10살이 되면 부모는 토론을 준비하라》에서 썼듯, 아이는 열 살까지는 부모와 같은 사람이 되려 하고 이후 스무 살까지는 부모와 다른 사람이 되려 합니다. 독립은 결코 거스를 수 없는 자연의 법칙이므로 이 '운명'을 하루라도 빨리 흔쾌히 받아들이는 것이 부모가 마음 편히 사는 길입니다. 아인슈타인은 "낡은 지도로는 세상을 탐험할 수 없다"고 했습니다. 아이가 열 살이 넘으면, 미안하지만 부모의 지도는 낡은 지도가 됩니다. 새 지도, 즉 아이의 지도로 아이가 자신의 삶을 헤쳐나가도록 해주어야 합니다. 부모는 이제 아이의 주인이 아니며

'셰르파'로서 아이의 뒤에 서야 합니다.

앞에서 육아 2단계까지가 육아의 태평성대라고 했습니다. 그렇다면 이 시기는 태평성대가 아닌, 혼란스럽고 '전쟁' 같은 상황도 있다는 말이겠지요. 맞습니다. 이 시기에는 온건하고 평화롭게만 아이를 키울 수는 없습니다. 집에서 부모가 아무리 온유해도 밖에서 받는 상처까지 막아주기에는 한계가 있지요. 부모가 해줄 수 있는 건 상처받을 상황에서도 큰 부작용이 없도록 맷집을 키워주고 상처받은 후 회복할 수 있도록 도와주는 것입니다. 이 전쟁을 승리로 끌고 가야 하는 전사는 아이 본인이므로 자신의 전두엽으로 헤쳐나가게 해야 합니다. 아이를 아바타로 내세워 부모가 전략을 세운들 국지전 몇 번은 승리할지 모르지만 개선문으로 입성하는 승리를 얻을 수는 없습니다. 부모가 할 일은 응원하고 기도하며 사랑을 보내고 필요한 것을 적시에 제공하는 것이 다입니다. 그러기 위해 그들 곁에 건강하게 있어줄 수 있도록 본인의 스트레스를 잘 이겨내시기 바랍니다.

또한 아이가 열 살쯤 되면 부모들이 통상 마흔을 넘길 때이므로 너무 아이만 바라보지 말고 인생 이모작 준비도 해야겠지요. 자신의 정체성이나 잠시 밀어놓았던 꿈에 대해서도 다시 생각해보시고요. 이 과정에서 자신의 스트레스로 아이에게 화풀이하지 않는 호탕하면서도 너그럽고 지혜로운 모습을 보여주면 좋겠습니다. 이것이야말로 부모가 승리해야 할 전쟁입니다. 결코 쉬운 일이 아니기에 '전쟁'이며 부모

역시 '전사'일 수밖에 없습니다.

♡ 여전히 감정이 중요한 시기

이쯤에서 잠시 밀어놓았던 감정 영역을 다시 언급해야겠습니다. 육아 1단계에서 너무나 중요했던 감정 영역은 2단계를 거쳐 3단계에 이르면서 존재감이 약해진 것처럼 보이지만 여전히 육아 지도에서의 백두대간이라 할 수 있습니다. 아이가 어릴 때 분명하고 적극적으로 표현했던 감정을 이 시기에는 톤을 낮춰 보여주는 점이 다를 뿐이지요. 예를 들어, 아이가 어릴 때는 입맞춤을 할 정도로 거침없이 애정 표현을 했지만 사춘기 아이에게, 그것도 친구들이 있는 데서 그렇게 한다면 전학을 고민해야 할 정도로 놀림받을 것입니다. 유행가 가사처럼 '그대 등 뒤에 서서' 애정을 보내야 하는 때라고 할까요. 아이가 초등학교에 입학해 서서히 혼자 학교나 친구 집에 갈 때쯤 아이 뒤를 살며시 따르며 안전하게 가는지 확인해본 적이 있을 것입니다. 초록 불에 횡단보도를 건너는지, 건널 때 차가 멈췄는지 확인한 다음 팔을 올리고 가는지, 길을 걸을 때 휴대폰을 보면서 가지 않는지 등을 계속 체크하지요. 그렇게 스스로 안전 수칙을 지키는 것을 확인하면 이제 안심하고 아이 혼자 내보내겠지만 만에 하나 사고의 위험이 엿보이면 히어로처럼 나타나 막아주겠지요. 집에 돌아와 엄마한테 혼나는 일까지는 막지 못하겠지만요.

사춘기 아이들도 이처럼 약간 '뒤에서' 감정을 보듬어야 합니다. 너무 앞서서 "너 지금 이런 상황이지? 지금 기분이 어때?"라고 하면 당혹스러워합니다. 사실 아이 자신도 본인의 기분을 잘 모르거나 알더라도 표현을 잘 못하거든요. 부모가 다 안다는 생각이 들어도 틈을 주어 아이가 먼저 감정을 마주 볼 준비가 될 때까지 기다려주어야 합니다.

단, 아이가 지금 울고 있다든지 얼굴이 긁혀 들어왔다든지 밥도 안 먹는다든지 할 때는 즉시 '앞에서' 감정을 받아줘야지요. 이야기를 들어보고 위로해주며 같이 울어주고 화내주고 욕도 해줘야 합니다. 이때는 예전 어렸을 때처럼 아이의 온 감정을 다 받아주고 안심시켜줘야 합니다. 실제로 격렬한 감정에 휩싸일 때 아이의 정신 수준은 5세 정도로 퇴행됩니다. 알고 보면 어른도 그렇답니다.

육아 3단계를 요약해보겠습니다. 아이가 자신의 사고력과 실행력을 잘 발달시킬 수 있도록 부모가 말을 아끼고 권한을 부여하며 각자의 생각이 다를 때는 협상하라. '뒤에서' 감정을 보살피되 필요할 때는 즉각 보듬어주라.

쉬운 일은 아니지만 아이가 열 살이 될 때까지 온 마음으로 키웠다면 그동안의 투자(?)가 아까워서라도 한 번 더 힘을 내볼 만합니다. 열 살이 될 때까지 안정되게 자란 아이는 마지막 육아기인 사춘기도 큰 태풍 없이 지나가는 편이므로 엄청 힘들 일은 많지 않을 것입니다. 그래도 잔바람까지 없을 수는 없으니 옷깃을 다시 여며보자는 것이지요.

반면 혹시 그동안 육아에서 미진한 부분이 많았다면, 그렇더라도 마지막 육아기는 잘해보시기 바랍니다. 그 가치는 부모의 상상 이상일 것입니다. 아이가 자신만의 생각을 하는 나이가 된 것을 오히려 장점으로 삼아 아이와 부모의 생각을 풀고 다시 엮어 새 '이야기'를 써볼 수 있습니다. 스웨터를 잘못 짰을 때 실을 풀어 더 멋진 스웨터를 만들 듯이 말이지요. 물론 기저의 감정을 풀어주는 작업이 반드시 선행되어야 합니다. 감이 잘 안 잡히거나 구체적인 방법을 모르겠다면 전문 상담사의 도움을 받기를 권하며 이 책 3부에서도 그 방향을 잡아볼 수 있을 것입니다.

경로 이탈을 막아주는 작심 내비게이션

지금까지 지도의 중요성에 대해 말해왔지만 내비게이션까지 갖추면 더 든든하겠지요. 내비게이션이 가장 고마운 순간은 길을 잃었을 때입니다. 얼른 경로를 재탐색해 길을 안내해주니 낯선 곳에서 운전할 때도 불안하지 않습니다. 육아에도 길을 잃을 때마다 '경로 재탐색'을 해주는, 혹은 아예 '경로 이탈'을 막아주는 내비게이션이 있으면 좋을 것 같습니다. 저는 두 가지 내비게이션을 제시하려 합니다. 하나는 '순리적 발달'이고 또 하나는 '정상 범위'입니다.

순리적으로 키우고 있는지 체크하기

'순리적 발달'은 부모가 아이를 순리적으로 키우고 있는지, 즉 아이의 발달 단계를 고려할 때 무리가 있지는 않은지 늘 살펴보자는 의미입니다. 표현이 좀 딱딱해서 그렇지 지금껏 살펴본 내용을 점검해보는 것입니다. 감정 중심으로 키워야 할 시기인데 언어 학습을 지나치게 강요한다든지, 언어 중심의 육아기라 학습 능력을 열심히 계발하고 있는데 지나치게 성과를 바란다든지, 반대로 이제 아이 스스로 '자신만의' 성과를 내려 하는데 부모가 이전 단계에서 벗어나지 못하고 말(잔소리)로 의욕을 꺾는다든지 한다면 이 모든 건 순리적 발달에서 벗어나는 일이므로 간간이 멈춰 부모 자신을 돌아보았으면 좋겠습니다.

순리를 벗어난 상태가 오래 지속되면 아이는 기필코 몸과 마음에 문제가 생깁니다. 우리 부모님들, 아이가 그런 상태에 있으면서 어떤 성과를 이루어내기를 바라는 사람은 한 명도 없을 텐데, 순간적으로 잘못 생각할 때가 있습니다. 1부에서 보았던, 아이를 갑자기 의사로 키워보겠다고 했던 아버지처럼요. 이분처럼 자신의 스트레스와 욕망, 타인의 욕망 모방이 섞이면 누구라도 삶의 목표와 방향성이 잠시 흔들립니다. 타인의 욕망을 선망해 자신도 모르게 중요시하고 따라 한다는 의미의 '타인의 욕망 모방'은 요즘 같은 소셜네트워크 시대에 더욱 그 유혹을 떨치기가 어렵습니다.

아이의 상태를 면밀하게 관찰하며 초심을 유지하는 한, 순리적 발달에서 벗어날 일은 없습니다. 앞에서 본 각 육아 단계의 중점 사항이 잘 지켜지고, 아이가 자주 웃고 밥도 잘 먹고 잘 자면 잘 키우고 있는 것입니다. 물론 아이가 사춘기에 접어들면 '자주 웃기'의 빈도가 줄어들고 웃더라도 부모보다는 친구들 곁에서 웃겠지만 그건 문제라고 할 수 없지요.

정말 문제인지 정상 범위에서 다시 보기

정상 범위에 대해서는 1부의 아이 기질에 관한 부분에서 살짝 언급했지만 좀 더 상세히 살펴보겠습니다. 정상 범위의 사전적 정의는 '자연적으로 적절한 기능을 수행할 수 있는 상태'로, '정상 혈압'을 생각해 보면 쉽게 이해할 수 있습니다. 다들 알다시피, 수축기 혈압이 140수은주밀리미터 이상이면 고혈압, 즉 정상 범위를 벗어난 혈압으로 보지요. 그렇다면 140이라는 기준은 어떻게 만들어졌을까요? 여기서 '사회 구성원 대다수가 위치한 범위'라는 통계적 정의가 등장합니다. 가능하지는 않지만 전 세계 성인의 혈압을 다 측정해 한 줄로 늘어놓는다면 건강한 대다수는 140수은주밀리미터 이하라는 것이지요. 그런데 최근 미국 의학계가 미국 국립보건원의 연구 결과를 근거로 고혈압 기준을 130수은주밀리미터로 낮추는 바람에 고혈압 환자가 더 늘었습니다. 기준을 내린 근거는 "130수은주밀리미터부터 관리 대상에 포함해야 위험률을 낮출 수 있다"는 것인데, "환자만 더 늘리고 제약회사만

돈 번다"는 반대 주장도 많습니다. 이처럼 '정상 범위'란 기준을 어떻게 잡느냐에 따라 달라집니다. 육아에도 이 정상 범위의 관점에서 생각해볼 몇 가지 중요한 점이 있습니다.

앞에서 난폭한 아이의 예를 들었습니다. 유난히 고집 세고 예민하고 과격한 아이라면 자신과 타인에게 해를 끼쳐 결국 원활한 사회생활에 지장이 생길 수 있으므로 그런 모습이 나타나는 **초기**에 바람직한 행동을 하게끔 지도해주는 것이 중요하다고 했습니다. 앞에서는 쉽게 이해하기 위해 '난폭성'이라는 표현을 썼지만 이제 '정상 범위'의 측면에서 다시 살펴보겠습니다. 난폭성은 다른 차원에서 보면 '대담함' 혹은 '까다로움'의 범위에서 상단에 있는 특성일 수도 있습니다. 애초에는 충분히 정상 범위로 볼 수 있다는 뜻입니다. '대담성이 높은' 아이가 자라서 운동선수가 된다면 훌륭한 경기를 할 것이고, '매우 까다로운' 아이가 예술가나 건축가가 된다면 멋진 작품을 만들 것입니다. 그런 경우 설사 난폭성이 잠재되어 있더라도 좋은 방향으로 성장한 것이지요. 하지만 수십 년 후 아이가 어떻게 자랄지 모르니 부모는 '지금 현재' 기준에서 판단하는데, 하나는 또래 아이들의 행동이고 또 하나는 부모의 수용 범위입니다.

"다른 애들은 다 얌전하기만 한데 얘는 왜 이래? 나 참 창피해서." 또래 아이들의 행동을 기준으로 삼을 때 이런 말을 하게 되지요. 하지만 이 간단한 말에도 상당히 어폐가 있음을 알 수 있습니다. '다른 애들은 다'라고 할 때 과연 세상 모든 아이의 행동을 관찰했을까요? 당연히 아니지만, 말이란 참 이상해서 자꾸 그렇게 말하면 자동적으로 그렇게 생각하게 됩니다. 결국에는 '우리 애만 문제'라는 생각이 확고해집니다. 얌전하고 사려 깊은 아이가 한쪽에 있다면 활동적이고 대담한 아이가 반대쪽에 있을 뿐, 어느 쪽이 더 문제라고 볼 수 없을 텐데 말이지요. 즉, 양쪽 모두 정상 범위이며 문제가 되는 건 정상 범위에서 지나치게 극단으로 치우칠 때입니다. 그러니 아이가 다른 아이에 비해 튀는 것 같아도 그 자체를 문제로 보기보다는 정상 범위 내에 있는지 살펴봐야 합니다.

부모의 수용 범위란 아이의 모습을 부모가 수용할 수 있는 정도를 말합니다. 똑같이 과격한 아이라도 부모가 수용할 수도, 수용하지 못할 수도 있습니다. 수용하지 못할수록 부모의 스트레스도 커지겠지요. 부모는 둘째 아이를 낳았을 때 비로소 기질의 힘을 절감한다는 말이 있습니다. 양육자는 동일한데 첫째와 둘째, 그리고 셋째 아이가 얼마나 다른지 아이 수만큼의 대처 방법이 필요하지요. 이때 자신과 다른 모습일수록 아이를 대하기 힘들어합니다. 그저 '다를' 뿐인데 이상하게 '미치고 환장할' 듯한 기분이 들어요. '어쩌라고? 난 나와 다른 사람(아이)을 키울 자신이 없는데? 이건 내 사전에 없는 건데?' 이렇게 낙담할 때가 많습니다.

하버드대 의과대학 정신의학과 교수 조던 스몰러는《정상과 비정상의 과학》에서 자신의 친구가 두 딸의 기질이 너무 달라 애먹는 이야기를 소개합니다. 스몰러는 그 아이들의 대부代父여서 오랫동안 아이들을 지켜봤는데, 친구에 의하면 첫 아이는 순하고 침착하면서도 영민했지만 둘째 아이는 '달랐다'고 합니다. 고집 세고 성격이 급해 분유를 먹는 것조차 까다롭게 굴었던 자기 자식에 대해 친구는 이렇게 표현합니다. "의사가 만들어준 분유조차 거부하며 단식투쟁을 했다. 단식하는 동안 이타적인 태도를 보였던 마하트마 간디와는 달리, 이 아이는 밤마다 몇 시간이고 배앓이하고 비명을 질러댔으며 격렬하게 할퀴어댔다."

절친한 사이니 농담을 했을 것이라고 생각하지만 발상 자체는 시사하는 바가 많습니다. 갓난아이가 '단식투쟁'을 한다고 하질 않나, '간디'와 달랐다고 하질 않나, 얼마나 힘들었으면 이런 표현을 했겠어요. 친구의 말이 농담이었던 건 두 딸이 부모에게 깊은 애정을 지닌 놀랄만한 여성으로 성장했다는 스몰러의 언급에서 확인할 수 있습니다. 까다롭다고 포기하지 않고 애정으로 키웠다는 걸 알 수 있지요. 하지만 그렇게 되기까지 부모 속이 참 많이 탔을 것입니다.

아이가 내 기대와 다른 모습을 보일 때, 더 정확하게 말하면 내 성격과 다른 범주에 있을 때 우리는 자신도 모르게 "맙소사, 이게 무슨 일이야?" 하며 소스라치게 놀랍니다. '내' 배 속에서 나왔는데 이렇게 다르다니, 배신감 같은 감정마저 생기지요. 절망감도 느끼고요. 비로소 우리는 인정할 때가 되었습니다. 세상에 자신과 같은 사람은 단 한 명도 없다는 것을요. 사실 어렴풋이 알고 있었지요. '나'와 같은 사람으로 믿어 의심치 않았던 배우자에게서 '첫 배신'을 당한 후로요. 그럼에도 '나'와 다른 가정에서 자란 사람이어서 그러려니 하고 넘어갔는데 '나'와 같은 가정 정도가 아니라 아예 '내' 속에서 나온 아이마저 그렇다니 충격이 작지 않습니다. 그러다 보면 자신도 모르게 자꾸 아이에게 큰 문제가 있다고 여기게 됩니다. 물론 문제가 있을 것입니다. 까다롭고 밥도 잘 안 먹고 잠도 잘 안 자고요. 그래 봤자 정상 범위 내에 있을 테니 심각한 문제로 봐서는 안 되겠지요.

부모와 아이 사이에도 '적합도'가 있습니다. 기질이 서로 잘 맞느냐는 의미지요. 똑같은 기질도 힘들게 받아들이는 부모가 있는 반면, 수월하게 다루는 부모도 있습니다. 적합도가 높으면, 즉 서로의 기질이 자연스럽게 맞으면 아이와 쿵작쿵작 재미있게 보내겠지만, 그렇지 않다면 어떻게 해야 할까요? 부모가 '맞춰줄' 수밖에 없다는 결론이 나옵니다. 아이가 전적으로 약자니까요. 스몰러의 대녀 이야기에서 보았듯, 아이의 기질이 까다로운 쪽이라 해도 부모가 잘 받아주면 크게 문제없이 자랄 수 있습니다. 정상 범위에 있는 한 육아의 핵심 고민은 '이 아이를 어떻게 고칠까'가 아니라 '내가 어떻게 이 아이를 수용할까'여야 합니다.

'정상 범위'에 있는데도 심각한 문제로 본다면 이후 양상은 어떻게 펼쳐질까요? 하나는 아이를 치료 대상으로 간주해 아이가 부지불식간에 '나는 정상이 아니다. 문제가 있다'고 생각하게 만들 수 있습니다. 또 하나는 이 책의 주제와 연결되는 매우 중요한 것으로, 부모가 아이를 암암리에 꺼려하는 듯한 상황이 될 수 있습니다. 부모가 자꾸 아이에게 "넌 이게 문제야. 이건 고쳐야 해. 어쩌자고 우릴 이렇게 힘들게 하니?"라고 한다면 아이가 느낄 감정은 분명하지 않을까요? '엄마 아빠는 날 싫어해.'

기질은 '선천적' 의미가 있습니다. 본인도 어쩔 수 없이 갖고 태어난 특성을 나무라기만 하면 해결책을 찾기 힘들겠지요. 그렇다고 아이의 문제 행동을 가만히 내버려두거나 방임하라는 뜻이 아닙니다. 바람직한 방향으로 지도하되 적어도 부모가 감정을 실어서는 안 된다는 말입니다.

초심을 잃지 않는다는 것을 감정적 차원에서 본다면, '아이에게 실망하고 화내지 않는다'라는 말로 표현할 수 있습니다. 하지만 부모가 성인군자도 아닌데 실망스럽고 화나는 상황에서조차 초심을 유지하기란 당연히 어렵습니다. 단, 애당초 실망하거나 화낼 상황이 아니라면 어떨까요? 다시 찬찬히 보니 정도가 좀 심할 뿐이지 정상 범위에 있다고 판단된다면요? 실망과 화가 가라앉겠지요. 우리 아이들, '다양성'을 갖고 있을 뿐 대부분 정상 범위입니다. 정상 혹은 비정상의 관점에서 극단적으로 보는 위험성에 대해서는 늘 갑론을박이 있습니다. 모차르트도 지금 기준에서라면 주의력결핍장애ADHD 약을 먹었을 것이라는 말이 있습니다. 그 천재성을 '주의력결핍**장애**', 즉 '비정상성'으로 판단해 억눌렀다면 후세는 그토록 아름다운 음악을 듣지 못하게 되었을 것입니다.

초등학교 입학 전에 정상 범위 체크하기

지금까지는 아이의 행동이 '문제'로 보여도 정상 범위 측면에서 보면 아닐 수도 있다는 이야기를 했습니다. 이제 반대로 아이의 행동이 분명히 정상 범위를 벗어나거나 지나치게 극단에 있는데도 부모가 이를 부정하거나 무시하면 안 된다는 이야기를 하려 합니다.

아이가 남을 할퀴어도 "뭐, 어린애가 그럴 수 있지" 한다든지, 편의점에서 물건을 덥석 집어든 채 그냥 나갔다는데도 "뭐, 아직 어리니까 그렇지. 알고 그러는 것도 아닌데 그런 걸로 애를 잡아?" 한다든지, 유치원에서 너무 산만해 수업을 진행할 수 없다는 이야기를 듣고도 '사내아이가 그럴 수도 있지. 애 하나 관리 못해서 전화까지 하나?'라고 생각해 적절한 치료와 개입 시기를 놓치는 부모가 있습니다. 아이가 어릴 때는 "어리니까" 하면서 넘어가고 좀 더 자라면 "의지가 약해서" 하면서 문제를 방치하기도 하지요. 정신과에는 오래전부터 환시와 환청이 뚜렷했는데도 '마음이 약해서' 혹은 '신에 대한 믿음이 부족해서' 그렇다는 식으로 치부하며 치료 시기를 놓친 안타까운 환자가 참 많습니다. 확실히 문제가 있어 보이면 바로 치료받게 해야 합니다. 다만 그 과정에서 여전히 아이를 사랑하고 보살피겠다는 마음을 보여주는 것이 굉장히 중요합니다. 아이의 증상에 대해 부모가 자꾸 "힘들다", "못 살겠다" 하다 보면 아이는 증상과 자신을 동일시해 점점 자신감을 잃어버리게 될 것입니다.

본론으로 돌아가, 아이의 모습이 정상 범위 내에 있는지 초등학교 입학 전에 꼭 체크해보시기 바랍니다. 본격적으로 사회생활을 시작하는 때니까요. 많은 부모가 아이의 인지 능력이 정상 범위에 들도록 일찌감치 한글 공부를 시킵니다. 오히려 정상 범위의 최상단에 위치하도록 한글, 영어, 수학 등을 아이의 학년 수준이나 능력에 버거울 정도로 시키지요. 하지만 더 신경 써야 할 것은 인성, 예의, 배려, 친구와 잘 지내기 등 비인지적 능력입니다. 이런 능력이 지나치게 낮다면 학교생활에 지장이 없을 수준까지는 발달할 수 있도록 각별히 신경 써야 합니다. 내성적인 아이를 외향적으로 바꾸라는 말이 아니라, 내성적인 성향이더라도 기본적인 사회생활 기술과 자기 보호 방법은 갖추게 해야 한다는 뜻입니다.

초등학교 2학년까지는 학교에서 아이의 모습을 대부분 받아주므로 그때까지 천천히 계발하면 될 것입니다. 하지만 대략 3학년부터는 교사가 아이의 행동에 대해 예전보다 엄격한 잣대로 판단하기 시작합니다. 앞에서 정상 범위 기준이 절대적이지 않다고 했는데, 교사의 정상 범위는 부모의 기준보다 폭이 좁습니다. 20여 명의 아이를 한꺼번에 관리하려니 어쩔 수 없겠지요. 이 과정에서 부모가 억울한 심정을 느낄 수도 있습니다. '우리가 보기에는 문제가 아닌데 왜 문제라는 거지?' 이렇게 생각할 수도 있습니다. 누가 옳고 그른지를 떠나, 교사의 시각에서 문제라고 본다면 아무래도 아이를 부정적으로 볼 수밖에 없고 그 피해는 고스란히 아이가 받으므로 기본적인 사회성과 수업 태도를 갖추도록 해주어야 합니다.

이 부분을 읽으면서 혹시라도 이미 전문가로부터 아이의 모습이 정상 범위를 벗어나 있다는 진단을 받아 속상해하는 부모님이 계실까요? 대표적인 경우가 자폐스펙트럼 장애인데요. 아이가 이 질환이 의심되면 부모님 가슴이 철렁하지요. 암담함을 느낄 때가 많겠지만 양방향적 지도를 염두에 두셨으면 합니다. 하나는 표준적인 전문 치료를 받으면서 사회에서 바라보는 정상 범위의 기준을 인정하고 사회 시스템 안에서 살아갈 수 있는 방법을 강구하는 것입니다. 또 다른 하나는 정상 범위의 폭을 확대해 아이의 새로운 가능성을 열어두는 것입니다. 자폐스펙트럼 장애의 길고 긴 역사를 여기서 다 살펴볼 수는 없지만, 이를 바라보는 가장 최근의 관점은 '신경 다양성'입니다. 간단하게 말하자면 '모든 아이의 뇌는 다 다르다'는 뜻입니다. 이 장애가 있는 사람들은 '보통 사람'들이 사교력이 있음을 지나치게 과시하려 한다고 말하기도 합니다. 우리가 얼마나 피상적으로 관계 맺는가를 생각해보면 뜨끔한 지적이기도 하지요. 자폐스펙트럼 장애의 한 유형인 아스퍼거 증후군을 가진 리안 홀리데이 윌리는 2001년에 "더 이상 우리를 빼고 자폐에 대해 말하지 말라. 나는 결함이 있는 것이 아니라 다른 것이다. 나는 재미있고 좋은 사람이다. 나는 흥미와 적성에 맞는 직업을 찾을 것이다" 등의 내용을 담은 〈아스피 자기 긍정 선서문〉을 만들어 수많은 이의 지지를 받았습니다. 가능성이 열렸을 때 이들의 모습은 여느 사람 못지않게 빛나고 당당하고 아름답습니다. 부모가 먼저 이 가능성의 문을 열어주면 좋겠습니다.

마무리하겠습니다. 육아의 길에서 헤맬 때마다, 또 어려움에 직면할 때마다 작심 내비게이션을 켜 여정을 잘 마치도록 합시다. 운전하다가 길을 잃었는데도 "알아서 찾을 거야" 하며 고집 피우느니 내비게이션을 딸깍 켜서 도움받는 것이 훨씬 현명합니다. 육아가 워낙 분주한 일이라 방향을 잃었을 때 무엇을 해야 할지 얼른 생각이 안 나기도 하는데 항상 원점으로 돌아와 육아의 방향이 올바른지 살펴보면 좋겠습니다. '다시 생각해보니 아이에게 그렇게 큰 문제가 있지는 않은 것 같아. 내가 너무 과민했어' 할 수도 있고, '자세히 보니 확실히 문제가 있는 것 같아. 아이도 힘들 테니 잘 보듬어주면서 전문 상담을 받아봐야겠어' 할 수도 있습니다. 어느 쪽이든 부모의 짐이 가벼워질 것입니다.

마지막으로 지도나 내비게이션이 아무리 잘 만들어졌다 해도 실제

그 '지역'은 아니듯, '육아의 지도' 또한 아이 그 자체는 아닙니다. 부모만큼 아이의 상태를 정확하게 파악하고 올바로 끌어줄 존재는 없습니다.

부모의 작심노트

지금까지 이런저런 이야기를 통해 초심의 중요성과 작심의 필요성을 아셨을 테니, 쇠뿔도 단김에 빼랬다고 작심의 내용을 실제로 적어보면 좋겠습니다. 적어놓아야 하는 이유는 우리가 완벽하게 기억하지 못하기 때문입니다. 아무리 좋은 생각을 해도 며칠 지나면 잊어버리고, 아무리 좋은 말이라도 본인이 그것을 지키겠다고 마음먹을 때만 효과가 있으니까요. 이제 작심노트를 한 권 마련해 마음먹은 것을 적어보세요. 자신의 노트를 수시로 들여다보며 좋은 생각이 날아가지 않고 결실을 맺을 수 있도록 해보시지요.

노트를 작성하는 데 특별한 형식은 없으니 각자 중요하다고 생각하는 것을 자연스럽게 적어보시면 됩니다.

머리말에 놓아두는 작심노트

머리말에 놓아둔다는 것은 소중히 여기고 아침저녁으로 보며 되새긴다는 의미입니다. 따라서 작심노트에는 부모의 여러 작심 중에서도 핵심적인 내용이 들어가야 할 텐데, 어떤 내용을 적으면 좋을까요? 책을 읽으면서 어떤 부분은 유독 마음에 와닿지만 또 어떤 부분은 그렇지 않을 수 있기에 일방적으로 제안하는 건 합당치 않아 보입니다. 그럼에도 저자로서 강조하고 싶은 것들을 담아보았습니다. 천사같이 잠들어 있는 아이의 머리를 쓰다듬으며 속말을 하는 듯한 형식으로 꾸며보았는데요. 다음 내용을 참고해 각자만의 소중하고 가치 있는 작심노트를 만들어보시기 바랍니다.

부모로서 초심을 잃지 않도록 할게.

⟶ 이 책의 주제니 한 번 소리내 읽고 가시지요.

'내가 생각하는 사랑'이 아닌, '네가 원하는 사랑'을 주도록 노력할게.

⟶ '내가 생각하는 사랑'도 당연히 사랑이지만 아이는 그렇게 받아들이지 않을 수 있으니 아이 눈높이에서 사랑을 주겠다는 의미입니다.

모든 것을 해줄 수 없다 해도, 적어도 '안정 애착'만은 형성시켜줄게.

~~~▸ 살다 보면 다른 부모가 해주는 것을 못해줄 수도 있습니다. 계절마다 달라지는 고가 브랜드의 옷이나 신발, 신상 휴대폰을 사주지 못하거나 좀 커서는 어학연수를 보내주지 못할 수도 있지요. 하지만 부모가 힘들더라도 안정 애착을 성공시켰다면 그 어떤 물질적 지원보다 가치 있는 정신적 유산을 남기는 것입니다.

내 욕망으로 네 삶을 끌고 가지 않고 '네 욕구' 충족을 먼저 신경 쓸게.

~~~▸ 부모의 욕망으로 아이의 삶을 마음대로 규정짓지 않겠다는 의미입니다.

반 발짝 정도만 앞서서 안내하고 반 발짝 뒤에서 늘 지켜볼게.

~~~▸ 사랑하는 마음이 넘쳐 많이 간섭하고 있다면 이 말을 수시로 떠올려보세요. 몰아치던 마음이 가라앉고 한결 편하게 아이를 대할 수 있습니다. 아이 또한 자유로우면서도 당당하게 성장하고요. 사춘기 이후 아이가 가장 존경하는 부모의 모습이기도 합니다.

네가 외롭지 않도록 할게. 적어도 열 살이 될 때까지는 우울해하지 않도록 해줄게.

~~~▸ 부모로서 정말 아이가 겪지 않도록 해야 할 것이 우울증이라

고 생각합니다. 부모나 자신이 크게 아프다든지 먹을 것이 없는 상황에 처하지 않았다면 열 살 이전의 아이가 우울할 일이 과연 있을까요? 심지어 이 시기의 아이는 아직 철이 없어서(?) 부모가 심하게 아파도 "괜찮아, 금방 나을 거야" 하면 나가서 또 즐겁게 놀지 않습니까. 물론 사춘기 이후로 삶의 반경이 넓어져 친구나 다른 사람과의 관계, 어쩔 수 없이 겪는 세간의 평가 때문에 우울감을 느끼는 것까지는 막을 수 없겠지만 열 살 이전의 아이 기분은 부모와의 관계가 절대적으로 영향을 미칩니다.

요즘 아이들이 조숙한 데다 소셜네트워크의 영향으로 상대적 열패감을 느끼기 쉬워 열 살이 아니라 일곱 살부터도 우울감을 느낄 수밖에 없는 상황이라 해도 최대한 그 시기를 늦추도록 합시다. 아이가 "태어나길 잘했다"라고 말하는 것만큼 부모로서 기쁜 일도 없을 것입니다. 열 살이 될 때까지는 우울해하지 않아야 하는 것은 당연하고, 즐겁고 재미있게 살아야지요. 낙엽이 굴러가는 것만 봐도, 강아지가 제자리에서 빙빙 도는 것만 봐도 배를 잡고 웃어야 하는 나이입니다.

무슨 일이 있어도 네 편이 되어줄게. 네가 잘못했다면 반성하고 책임지도록 하되, 그럼에도 널 사랑하는 우리 마음을 의심하지 않도록 해줄게.

~~~► 살다 보면 아이가 잘못하는 경우가 있지요. 그럴 때는 당연히
~~~

엄격하게 가르쳐야 합니다. 다만 행동은 반성하도록 하되, 자신이 소중한 사람임을 잊지 않도록 지지하고 사랑하는 마음을 보여주세요.

내 문제를 네게 투사하지 않을게.

~~~► 이것만 실천해도 아이와의 갈등은 90퍼센트 사라집니다.

네가 긍정적인 자기개념을 가질 수 있도록 도와줄게.

~~~► 긍정적인 자기개념은 평생을 살아갈 밑천입니다. 놀랍게도, 이것이 부모가 무심코 한 부정적인 잔소리로 무너질 수 있다는 사실을 아시나요?

늘 네 감정을 살피고 제때 해소할 수 있도록 도와줄게.

~~~► 아이가 못마땅한 행동을 할 때는 언제나 먼저 아이의 감정을 살피세요. 문제를 해결하는 가장 빠른 길입니다. '겉으로' 보이는 아이의 말과 행동 뒤에는 필시 어떤 감정이 숨겨져 있습니다. 속 감정을 들어보며 해소해주지 않은 채 무작정 야단치면 문제가 더 꼬입니다.

'미안해', '고마워', '사랑해', '네가 있어서 참 좋다' 이 말을 아끼지 않을게.

~~~► 육아를 순탄하게 하고 거의 모든 문제를 해결할 수 있는 '마

법의 주문'이라 할 수 있습니다. 이런 말을 하는 부모님의 얼굴을 사진 찍어본다면 얼마나 빛이 나고 예쁜지 깜짝 놀라실 거예요. 말도 말이지만 그 표정 때문에라도 아이의 마음이 풀어지고 또 행복해집니다.

네가 늘 '성장 중'임을 기억하고 성과(결과)에 연연하지 않을게.

~~~► 작심노트의 앞부분에 둘 만한 너무도 중요한 내용입니다. 아이의 인생 전체를 이 시각에서 바라보면 육아 스트레스가 확 줄어듭니다. 좋은 성과를 보이면 기뻐하되, 그렇지 않더라도 지나치게 실망감을 드러내지 않겠다 마음먹으면 아이도 얼른 다시 시작하고 부모 또한 굉장히 기분이 좋아집니다. 직접 경험해보지 않으면 모를 감정이지요.

네가 실패했을 때 따뜻하게 안아주면서 '이번에는 무엇을 배웠는지' 찾아보게 할게.

~~~► 실패했다는 건 '다른 방법'으로, 혹은 '좀 더 집중해서' 해보라는 의미일 뿐입니다. 이렇게 생각하는 한 실패에 움츠러들 일은 없습니다. 아이가 실패를 두려워하지 않게 된다면 인생의 수많은 짐 중 큰 것 하나는 덜고 가게 해주는 것입니다.

네가 '최고'가 되기를 원하기 전에 먼저 '최상의 적응'을 해내도록 도울게.

⟶ '최고'보다 중요한 것은 아이들이 각자 타고난 능력으로 '최상의 적응'을 하는 것이지요.

네가 '최상의 삶'을 살기를 원하기 전에 '정상적으로' '최선'을 다하도록 도울게.

⟶ 앞의 작심과 더불어 새기면 좋을 내용으로, '최상의 삶'보다 먼저 필요한 것은 아이가 갖고 태어난 '정상성'의 축복을 감사하고 지켜내는 것입니다. 그 결과가 비록 최상이 아니더라도 자신의 능력 범위 내에서 '최선'을 다해보도록 한다면 아주 훌륭합니다.

네 타고난 기질과 성향을 나무라거나 억지로 고치려 하지 않고 정상범위 안에서 잘 꽃피우도록 도울게.

⟶ '쉬운 아이'가 있는가 하면 '어려운 아이', '더딘 아이'가 있습니다. 아이의 기질이 부모 마음에 들지 않거나 키우기 까다롭더라도 일단 수용한 후 바람직한 방향으로 인도해야 합니다. 아이가 어릴수록 부모의 노력은 반드시 빛을 봅니다.

내 생각과 불일치하더라도 네 생각을 인정하고 '윈-윈'할 수 있는 방법을 의논할게.

⟶ 열 살 넘은 아이를 대할 때 격률maxim로 삼을 만큼 중요합니다.

무언가 기분이 안 좋고 혼란스러워질 때마다 이 노트를 읽으며 마음을 다시 다질게.

⟶ 한두 번의 작심으로 마음이 안착되지는 않습니다. 보고 또 보며 되새겨야 합니다.

그때그때 열어보는 작심노트

앞에서 본 여러 작심 내용이 육아의 큰 방향을 짚는 것이라면, 다음은 그때그때 상황에 따라 떠올려볼 내용입니다. 이를테면 아이에게 화가 난다든지 아이의 미래가 불안하다든지 부모 노릇에 자신이 없다든지 하는 경우에 마음을 추스르는 용도라 할 수 있습니다. 자기 다짐의 말로 써도, 격률로 삼을 만한 세간의 명언, 격언, 경구를 갖고 와도 좋습니다. 실제로 상담실에서 부모님들에게 반응이 좋았던 말 위주로 제시해보겠습니다. 이 중에는 부모님이 들려주신 말도 있습니다.

아이에게 화내면 내가 하수다.

➤ 아이에게 자주 화내는 문제로 고민하는 부모님에게 들려준 말 중 가장 반응이 좋았던 말입니다. 왜 '하수'일까요? 화내면 아이가 잠시 멈칫하며 부모 눈치를 보지만 문제를 근본적으로 해결할 수 없을 뿐 아니라, 아무래도 화내는 부모를 좋아할 수는 없으니 미움과 서운함이 쌓여가고 관계가 나빠집니다. 실효성 없는 일을 계속하니 '하수'라는 것입니다. 화날 때는 이런 속말을 해서라도 한 걸음 물러나라고 하면 대부분의 부모님은 기분 나빠하기보다 웃으면서 "그렇겠네요. 아이쿠, 나 하수네. 하수는 되지 말아야지요" 하며 수용하시더군요. "아이가 잘못했는데도 화내지 말라는 말인가요?"라고 물으신다면, 화내지 말고 타이르라고 말씀드리겠습니다. 점잖게 타이르기만 해도 아이는 이렇게 되묻지요. "엄마, 화났어?" 타일러서 못 고치는 건 화내도 못 고칩니다. 아니, 더 못 고치게 되고 다른 문제까지 만듭니다.

두려워서 화나는 것이다.

➤ 이 또한 부모님들이 많이 수긍했던 말입니다. 우리가 화날 때는 아이나 배우자, 직장 사람이 잘못해서 그런 것이라고 생각하지만 사실은 다른 이유가 있습니다. 자신이 원하는 대로 살지 못할 것 같고 문제를 해결할 방법을 몰라 두려움을 느낄 때 그 '두려움'이 '두려워' 분노로 대체하는 것입니다. 또 화내면 '내가 옳다'는 생각이 들어 잠

시 우쭐해지기도 하거든요. '내가' 화낼 때는 상대방을 약하거나 악하게 보니까요. 화날 때 자신이 무엇을 두려워하는지 들여다보면 결국 자신의 스트레스를 아이에게 투사하고 있다는 사실을 알게 될 것입니다. 부모 자신의 문제는 무슨 수를 써서라도 스스로 풀고 아이는 부모의 화가 미치지 못하는 청정 구역에서 놀도록 합시다. 사실 아이가 청정 구역에서 놀 수 있는 시간도 얼마 남지 않았잖아요? 아이도 곧 태풍 속으로 들어갈 테니까요.

아이를 슬프게 하는 것만큼 큰 실패는 없다.

'아이에게 화내면 내가 하수다'라는 말로도 감정이 통제되지 않아 결국 심하게 나무란 아이의 눈에서 닭똥 같은 눈물을 본 한 어머니가 그날 저녁에 '피로' 썼다는 말입니다. 물론 진짜 그랬다는 게 아니라 그 정도로 결연한 마음으로 썼다는 것이지요. 한부모가정의 가장이자 워킹맘으로 몸이 열 개라도 모자랐던 이 어머니가 어느 날 초등학교 1학년인 아이에게 '왜 네 일을 제대로 못하느냐' 야단쳤는데 아이의 안색이 하얘지면서 눈물을 흘리더랍니다. 아이의 눈물을 본 순간 '아차' 싶어 이내 달랬지만 그 순간을 떠올릴 때마다 명치가 막힐 정도로 괴로웠다고 합니다. 이렇게 정신없이 사는 게 모두 '잘 살기' 위해서인데 아이를 슬프게 하면서까지 잘 산다는 건 말이 안 되는 거구나, 그것만큼 큰 실패는 없겠다는 생각이 들어 이 말을 무릎을 꿇고 노트

정도가 아니라 아예 큰 도화지에 붓으로 써서 화장대 위에 걸어놓았다는군요. 부모라면 공감할 수 있는, 마음이 아리면서도 아름다운 각오입니다.

내가 틀릴 수도 있다.

~~~► 개인적으로 아이들이 제 말에 수긍하지 않거나, 다른 사람과 의견이 일치되지 않을 때 위안이 되었던 말입니다. 비욘 나티코 린데블라드의 책 제목(《내가 틀릴 수도 있습니다I May Be Wrong》)이기도 합니다. 신기하게도 이 말을 되뇌면 그 어떤 갈등 상황에서도 마음이 편안해집니다. "네가 틀렸잖아"라는 말을 할 생각이 팍 사라지는 동시에 "내가 틀렸어"라며 자책할 필요도 없는, 참 신중하면서도 부드러운 말이어서 그런 것 같습니다. 영어 표현도 'may be'잖아요. 너무 '맞는 말'이어서 마음이 편해지는 것 같기도 합니다. 아주 명확한 사실이나 진실 앞에서는 누구라도 고개를 숙이게 되듯 말입니다. 지금은 내가 옳을지 몰라도 20년 혹은 30년 후에는 내가 틀릴 수도 있으니까요. 부모는 옳다고 생각하는 바를 일러주고 안내해줄 뿐이고, 그게 받아들여지지 않는다 해서 오랫동안 기분 상해 있을 필요는 없다고 생각합니다.

이 또한 지나가리라.

~~~► 꽤 유명한 말이라 진부하게 들릴 수도 있지만, 제 경험상 세상

에는 이 문구를 그저 '아는 사람'과 진심으로 '믿는 사람'으로 나뉜다고까지 말할 수 있을 정도로, 이 말을 부여잡고 고통과 고난을 견뎌내는 사람을 정말 많이 보았습니다. 아이를 키우는 부모라면 누구라도 한 번쯤은 의지할 만한 말인 것 같습니다.

끝날 때까지 끝난 게 아니다.

→ 아이를 키우다 보면 다른 집 아이들은 참 잘나가는데 우리 집 아이는 그렇지 않은 것 같은 기분이 들 때가 많지요. 혼자 속상해해봤자, 또 아이에게 속상함을 드러내봤자 달라지는 건 없으니 이 말을 열 번이라도 되뇌며 같이 맛있는 음식을 먹으면서 웃어보세요. 정말, 끝날 때까지 끝난 게 아닙니다. 정말 확신합니다.

내 잔이 넘치나이다.

→ 특별히 삶이 구질구질하게 느껴지는 날, 가족이 건강하고 오늘 하루 잘 먹고 잘 잠들었다면 가슴을 톡톡 치면서 이 말을 해보세요. 이미 감사가 넘치는데 모르고 있을 뿐입니다.

이만하면 괜찮은 부모다.

→ "아이가 다른 집에 태어났더라면 갖고 싶은 것 다 갖고 행복하게 살지 않았을까요?" 하며 자책하는 부모님을 가끔 봅니다. 하지만

상담실로 찾아와 그런 말을 하는 분보다 더 훌륭한 부모가 있을까요? '완벽한 부모'는 허상일 뿐이니 '이만하면 썩 괜찮은 부모이지 않아?'라며 자부심을 가져보세요.

나는 저 나이 때 더 형편없었다.

→ 아이에게 유난히 실망감이 들 때 이 말을 떠올려보세요. 우리가 아이 나이 때는 어땠던가요? 혹시 공부는 좀 잘했을지 몰라도 다른 매력은 떨어지지 않았나요? 성실했는지는 몰라도 너그러움과 세상에 대한 열린 마음은 부족하지 않았나요? 아이도 나름 최선을 다하고 있습니다.

아이는 내 인생에 찾아온 '사랑손님'이다.

→ 우리가 아이를 함부로 대하는 이유 중에는 자신의 소유물로 생각해서 그런 것도 있습니다. 아이를 우리 인생에 찾아온 손님이라고 생각하면 어떨까요? 극진한 대접을 받는 손님처럼 아이도 우리 옆에 있는 동안에는 최대한 즐겁고 행복했으면 좋겠습니다. 손님이라는 단어가 좀 차가운 것 같아 한국인만 아는 애틋함과 정겨움이 담겨 있는 '사랑손님'으로 바꿔보았습니다.

'아이와 놀기'는 '취미 목록'에 넣자.

→ 아이와 같이 노는 게 참 힘들었던 어느 아버지가 작성한 자기 다짐입니다. 결혼 전에는 산악 바이킹, 클라이밍 등을 하면서 스트레스를 풀었는데 아이가 태어난 후 못하게 되자 기분이 울적해져 아이와 같이 있을 때 성질을 많이 부렸답니다. 이 때문에 자주 부부 싸움을 하게 되면서 집안 분위기가 험악해지자, 기업체 인사 코칭 전문가인 이분은 '셀프 코칭'을 통해 '아이와 놀기'를 취미로 만들어보자 마음먹었다고 합니다. 남자아이인 데다 다행히 취향도 잘 맞아 연날리기, 드론 날리기, 전동차 타기 등 같이 외부 활동을 하면서 스트레스를 풀 수 있었고 언젠가 같이 클라이밍을 할 준비도 하고 있다더군요. '의무'가 아닌 '취미'로 만들자는 작심 하나로 행복을 다시 찾은 집입니다. 마음먹기가 이렇게나 중요합니다.

퇴근 후 아이가 잠들 때까지 휴대폰 꺼두기.

→ 부모님이 이것을 지킬 수 있다면 너무도 많은 문제를 해결할 수 있습니다. 대화가 늘고 아이 역시 휴대폰을 붙들고 있는 습관을 고칠 수 있으며 책을 읽어주거나 스스로 읽도록 이끌어서 쉽게 학습 습관을 형성할 수도 있지요. 저녁마다 동네 놀이터에서 가볍게 배드민턴을 치면서 즐거운 마음과 건강한 몸을 만들고요. 온 가족이 30분 만에 집 안을 정리한 후 개운하게 잠자리에 들 수도 있지요. 부모의 저녁 일

거리 중 하나인 아이 목욕시키기도 휴대폰을 꺼두면 아주 여유로우면서도 재미있게 하게 됩니다. 휴대폰을 켜놓으면 수시로 알림과 영상을 확인하고 싶은 유혹을 느껴 집안일이나 아이 돌보기를 대충대충 하게 되고 조금만 힘에 부쳐도 짜증이 납니다. 휴대폰을 끄고 아이에게 집중해보세요. 놀라운 변화를 체험하실 것입니다.

세상에서 누가 날 이렇게 사랑하겠어?

~~~► 육아가 버거워 퇴근하기 싫을 때가 있습니다. 전업맘이라면 잠시 가출하고 싶기도 하지요. 껌딱지같이 붙어 있는 아이에게 질리는 느낌을 받을 때도 있을 것이고요. 하지만 세상에서 누가 이렇게 우리를 사랑할까요? 이런 사랑, 또 언제 받아볼까요? '우리가 그토록 대단한 사람이라잖아' 이렇게 생각하며 오늘 하루 또 옆에 있어주면 이런 시간조차 쏜살같이 지나갑니다. 언젠가는 아이가 소꿉놀이하자던 이 시절이 사무치게 그리워지기도 하겠지요. 일하는 부모라면 아이가 현관문 앞에서 기다리는 모습을 떠올리면서 '아이가 하루 종일 날 기다린다잖아' 이렇게 생각하며 귀가 걸음을 재촉해보시지요.

아이가 고등학교를 졸업할 때까지는 그 어떤 성과도 바라지 않겠다.

~~~► 아이의 성적에 일희일비한다면 이 말을 유념하기 바랍니다.

시험 한 번에 모든 것이 달린 양 결사적으로 매달리지 말고 고등학교 졸업 후 결과를 보겠다고 아이에게 말해보세요. 결과를 보겠다고 해서 거창한 것을 요구하겠다는 말이 아니라, 고등학교를 졸업하면 바로 일하든 대학에 가든 어떤 성과라도 있어야 함을 정확하게 말해줘야 합니다. 모든 양육의 종점이자 목표는 학교에서 배운 후 자기만의 '생산'을 하도록 하는 것이니까요. 성과가 흡족하게 여겨지지 않는다면 그건 또 그때 업그레이드를 하거나 재도전하는 식으로 길을 넓히면 되겠지요. 아이가 열여덟 살이 될 때까지는 정말 많은 시간이 있습니다. 그때까지는 모든 공부와 시험을 그저 과정으로만 보고 잘하면 칭찬하고 부족하면 보완하도록 격려만 해준다면, 부모는 소진될 일이 거의 없고 아이도 한층 편안하고 여유로운 마음으로 실력을 쌓을 수 있습니다.

작심노트 만들기

이제 부모님만의 작심노트를 만들어보세요.

나의 작심노트

• 작심노트 활용 시 유의할 점

작심을 지키지 못한다고 속상해하지 마세요. 수시로 작심하는 걸 당연하게 여기세요. 중요한 건 작심하는 그 자체입니다. 자신이 해야 할 바를 자주 떠올릴수록 뇌가 올바른 실행 방법을 찾아내므로 믿고 편안하게 시도하세요. 아이가 나이를 먹으면 부모도 덩달아 성장합니다. 작년에는 엄두가 나지 않았는데 올해는 또 실행할 여지가 생기기도 하니, 안 되면 잠시 멈췄다가 다음에 또 시도해보면서 조금씩 바람직한 변화를 모색하시기 바랍니다.

3부

사막에서도 꽃을 피우는 회심육아

'사막'이라는 표현은 상담실에 오신 한 어머님이 한 말입니다. 이분은 자식의 문제로 황당해하고 분노하고 슬퍼하고 절망하던 그때 마치 사막에 혼자 떨어져 있는 기분이었다고 합니다. 주변의 공감과 위로도 한두 달이면 사라지고 홀로 싸우는 느낌이었으며, 병원에 가든 심리 상담을 받든 무언가 시작해도 '이제 해결되려나 보다' 하면 얼마 못 가 '신기루'였음을 깨달은 적이 한두 번이 아니었다고 하시더군요. 그분의 애달팠던 마음이 너무 절절하고 공감되어 3부의 제목으로 삼아보았습니다.

그런데 이분처럼, 숨 쉬고 먹고 자는 것조차 힘든 그 마음의 '고비사막'에 만신창이가 된 채 홀로 놓인 부모님이 어느 날 사막에서 꽃을 봅니다. 저는 그 어려운 일을 해내신 부모님을 '회심부모'라 부릅니다. 사막에서 꽃을 피운 강력한 비결은 바로 부모님의 '회심'이었습니다. 회심에 어떤 힘이 있기에 이런 일이 일어날까요?

삶의 안전지대로 복구시키는 회심

회심, 이 책에는 초심으로 돌아간다는 간결한 의미로 썼지만 사전에서 찾아보면 '마음을 돌이켜 먹음'의 뜻으로, 회개나 개심改心과 동의어라는 설명을 볼 수 있습니다. 잠시 다른 길로 빠졌다가 바른길로 돌아온다, 그렇게 하기로 마음을 다시 먹는다, 이런 뜻이지요.

잘못은 아이가 했는데 왜 부모가 회심해야 한다는 걸까요. 회심의 '치유 기제'를 이해하면 저절로 그 답을 알 수 있습니다. 회심은 우선 위태로운 경계에 선 아이를 삶의 '안전지대'로 복구시킵니다.

회심의 메시지: "넌 안전하단다"

'안전지대'란 말 그대로 안심하고 거할 수 있는 곳(공간)을 말합니다. 반대말인 '안전 사각지대'를 떠올려보면 쉽게 이해할 수 있지요. 살다 보면 스트레스와 문제는 항상 발생하기 때문에 누구나 '심리적 안전지대'가 있어야 잠시 숨을 고르고 다시 시작할 수 있습니다. 1부에서 잠깐 언급한 매슬로의 욕구 단계에서도 생리적 욕구 다음이 바로 안전의 욕구일 정도로, 안전이 확보되지 않으면 사는 것 자체가 불가능합니다.

회사에서 스트레스받은 성인이 집에 와서 하는 행동 중 하나가 '이불 꽁꽁 싸매고 잠자기'입니다. 마치 어머니의 자궁 속에 있는 태아처럼 등과 무릎을 잔뜩 구부리고 누워 있지요. 그렇게 해서라도 안전지대에 있다는 느낌을 받고 싶어서입니다. 무슨 일이 생겨도 엄마 품에 있으면 해결되었던 예전의 그 시절로 잠시 퇴행하고 싶은 마음도 있겠지요. 그래도 안 되면 사표를 내고 '비안전지대'에서 탈출합니다. 인간에게 안전지대의 유무가 얼마나 중요한지 먼저 느껴보기 바라는 마음에 예를 들어보았는데요. 그 느낌을 이해한 상태에서 이제 아이를 볼까요?

아이에게 문제가 생기면 부모가 너무 힘들다 보니 부모 입장에서만 상황을 보는 경우가 많습니다. 특히 아이가 자신의 말을 거역하거나 가출이라도 하면 너무 속상하고 화가 난 나머지, 마치 아이가 부모를 골탕 먹이려 그러는 것 같다는 느낌도 듭니다. 하지만 아이 또한 말도 못할 정도로 불안해한다는 것을 알아야 합니다. 겉으로는 반항하고 제멋대로 행동하지만 예외 없이 심리적 안전지대에서 벗어나 있어 몹시 힘든 상태입니다. 왜일까요? 앞에서 말했듯 문제가 생기면 잠시 안전지대로 철수해 숨을 골라야 하는데, 그 안전지대에 더 무서운 호랑이가 있으니 꼼짝달싹 못하는 것입니다. 잠시 부모를 호랑이에 비유해서 죄송합니다만, 안전지대에서 안전은커녕 더 위태로움을 느끼는 심경을 이해해보시라는 의미입니다.

이때 "네 행동과 말 때문에 우리도 상처받았지만, 해결해야 하는 상황인 건 분명하지만, 그럼에도 우리가 널 사랑한다는 걸 잊지 말기 바란다. 적어도 집에서는 편히 있었으면 좋겠구나. 이곳은 네가 안심하고 있을 수 있는 곳이야"라고 말해줌으로써 부모와 아이 사이에 안전지대가 복구되도록 해야 합니다. 그래야 문제를 해결하는 첫발을 디딜 수 있습니다. 문제가 생기면 언제나 부모가 기억할 점은 초심으로 회귀하는 것입니다. 1부에서 언급한 초심을 다시 떠올려볼까요? '네가 어떤 모습이든 사랑해.' 이런 마음이라고 했지요.

생명체는 안전이 위협당하면 잠시 성장을 멈춥니다. 사자에게 쫓기는 얼룩말은 잠시 번식 기능이 멈춥니다. '방어'가 더 시급할 때는 '성장'에 에너지를 쏟을 수 없기 때문입니다. 마찬가지로, 아이가 온통 자신을 방어하고 보호해야만 하는 상황이라면 공부나 성장 같은 더 나은 삶을 위한 노력을 할 수 없습니다. 일부러 혹은 의도적으로 그러는 것이 아니라 생체 시스템 자체가 그렇게 되어 있습니다.

세상에 1등 하기 싫은 아이는 없습니다. 안 되고 안 될 것 같으니까 1등에 관심 없는 척하는 것이지 속마음은 다 똑같습니다. 어쨌든 원하는 결과가 안 나오면 스트레스받고 그러면 생체는 스트레스를 해소하는 데 매달리느라 정신이 없습니다. 이것만으로도 한계가 오는데 강력한 지원군이어야 할 부모마저 못마땅해하고 야단친다면, 그야말로 안전지대가 흔들립니다. 본인도 지금 제 뜻대로 안 되어 혼란스럽고 속상한데, 어떻게 부모에게 예의 바르게 말하고 순종하겠어요? 그런 아이에게 또 "넌 그게 무슨 말버릇이야? 부모에게 눈을 치켜뜨다니 제정신이야? 네가 이러는 꼴 보려고 우리가 그렇게 힘들게 돈 벌고 그랬겠어?" 이렇게 말한다면 벼랑 끝에 서 있는 아이의 등을 미는 것이나 다름없습니다.

아이의 문제를 해결하기 위해 병원이나 심리 상담실에 온다 해도 부모의 회심이 있어야 시작이 순조롭고 또 완벽하게 마무리됩니다. 어떤 부적응적 행동을 일삼는 아이가 있다고 가정해봅시다. 부모 말을 안 듣는다든지 공부를 열심히 안 한다든지 형제와 자주 싸운다든지, 다양한 문제가 있겠지요. 대개는 부모가 '이 모습'만 좀 고쳐달라고 말하면서 심리 상담을 시작하지만 부모가 초심으로 되돌아가는 회심 없이는 잠깐 문제가 해결되는 듯 보여도 궁극적인 변화를 일으키기는 어렵습니다. 설사 '이 모습'은 변했다 해도 다음에는 또 다른 부적응적 모습이 나타나기도 하지요. 이런 경우 부모는 상담 내내 불안해하며 계속 질문합니다. "언제 좋아지나요?" "언제 이 불편한 상황이 끝나나요?" "이제 좋아질 때가 되지 않았습니까?"

반면, 회심부모는 상담 초기에는 똑같이 불안해하고 당혹스러워하지만, 점차 차분해지며 놀라울 정도로 평온을 회복합니다. 그리고 거의 질문하지 않습니다. 직접 아이(중·고등학생)를 데려오지 못할 때도 상담 후 전화드리면 길게 묻지 않고 자신이 신경 써야 할 점만 의논합니다. 회복될 때까지 시간이 걸린다는 것을 알고 있기 때문이지요. 심지어 아이의 증상이 심해도 그렇습니다.

안전지대를 책임지는 '사령관'이 평온한 모습으로 아이의 회복을 믿으면 아이도 안심하고 회복에 전념할 수 있습니다. "언제 좋아질 거야? 빨리 좋아져야지. 중간고사가 얼마 안 남았는데!" 이렇게 말할 때와, "좋아질 테니 걱정 마. 중간고사 못 보면 기말고사 잘 보면 되고 기말고사도 못 보면 다음에 또 잘 보면 되지. 아예 시험을 못 보면 대안학교, 검정고시, 다 길이 있어. 무슨 일 있어도 학교 졸업장 받게 해줄 거고 또 다 잘될 거니까 네 마음 먼저 편하게 먹자" 이렇게 말할 때 어느 쪽이 아이에게 진정한 회복의 동기를 불러일으킬지 너무 명백하지요. 어떤 상황에서도 "넌 안전하단다. 우리가 함께할게" 이 말을 해줄 사람이 세상에 부모 말고 또 있을까요?

회심의 치유력

초등학교 5학년 아들을 둔 어머님이 상담실에 오셨습니다. 아들이 어렸을 때부터 산만하다는 말은 많이 들었지만 친구 관계는 좋은 편이었는데, 4학년 말부터 말과 행동이 거칠어져 교사에게 늘 불려갔고 가끔은 친구 부모들로부터 항의를 받기도 해 어머니가 사과하기 바빴다고 합니다.

눈이 내리는 어느 일요일 오후에 아파트 뒷길 언덕에서 친구들과 눈썰매를 타던 중, 친구가 준비되지 않았는데 아들이 발로 미는 바람에 친구가 균형을 잃으면서 몸이 붕 떴다 꼬꾸라졌고 하필 튀어나온 돌부리에 이마를 부딪혀 피가 흘렀습니다. 친구 부모님이 외출 중이라 아들이 다급하게 어머니에게 전화했고 놀란 어머니가 얼른 119를 불렀는데, 구급대원들이 가벼운 찰과상과 타박상 정도라며 기본 처치만 해도 되겠다고 했답니다. 그래도 혹시나 해서 병원에 데려갔는데, 뒤늦게 병원으로 달려온 친구 부모가 "또 그 집 애냐"며 길길이 화냈습니다. 다행히 정밀 검사상에서도 특별한 문제가 없었고 이 어머니가 재빨리 사고를 수습하고 친구 부모에게 연락하며 병원비도 다 내주어서 그랬는지, 일단 사과받고 재발을 방지하는 것을 전제로 사태가 일단락되었습니다. 그런데 친구 머리에서 피가 나고 119까지 온 것을 본

아들이 겁에 질려 도망친 후 밤 10시가 넘어서도 집에 돌아오지 않았습니다. 갖고 있던 용돈으로 피시방에 갔겠거니 짐작하고 온 동네와 옆 동네까지 다 뒤져 겨우 편의점 안에 있던 아들을 찾아 집에 데려왔지만 너무 애가 탄 어머니가 그만 손찌검을 하고 말았습니다. 다시 집을 나가려는 아들을 억지로 붙잡아 방에 집어넣었는데 저녁도 못 먹고 녹초가 되어서인지 더 이상 반항하지 못하는 것 같았다고 합니다. 다음 날부터 어머니는 학교에서 수차례 호출받고 설명에, 사과에 정신없는 날들을 보냈습니다. 그래도 아들이 집중 관리 대상이 되어 학교 심리 상담실에서 의무적으로 상담을 받아 잠시 숨은 돌릴 수 있었고, 그 틈에 도무지 어떻게 아이를 키워야 할지 모르겠다며 따로 제 상담실을 찾은 것입니다.

그날 저는 아들이 진즉에 상담받았더라면 좋았겠지만, 중학생이 되기 전에 시작해 천만다행이며 점점 좋아질 것이다, 아들도 친구에게 사과하고 어머님도 아들을 때린 것을 사과하면 좋겠다는 말과 함께 회심과 안전지대에 대해 설명드렸습니다. 상담 중에는 눈만 껌벅이며 잠자코 계시더니 다음번 상담에서 놀라운 이야기를 전해주시더군요. 어머님이 학교 선생님과 제게 들은 말을 계속 떠올리며 며칠을 고민한 후 아들에게 이렇게 말했다고 합니다.

"너도 들었겠지만 친구가 아주 심하게 다친 건 아니야. 하지만 이번에는 다행히 큰 사고는 아니었지만 남자아이들이 놀다가 실제로 팔다리가 부러지기도 하고 심지어 죽을 수도 있다고 하더라. 네가 중·고등학생일 때 그런 일이 벌어지면 감방에 갈 수도 있는 거야. 감방 알지? 죄지으면 가는 교도소 말야. 네가 누구를 다치게 하면 당연히 엄마가 화내고 야단치겠지. 사과도 해야 하고, 크게 잘못했다면 벌도 받아야겠지. 하지만 엄마가 가장 걱정하는 건 네가 가출하는 거야. 아무리 큰 잘못을 저질러도, 설사 경찰에게 잡혀가도, 엄마가 널 보호할 거니까 무슨 일이 있어도 엄마한테 꼭 말하고 절대 도망가면 안 돼. 벌받더라도 집에서 밥 먹고 가는 거야. 힘이 있어야 벌도 제대로 받겠지? 그때 때려서 미안해. 엄마가 야단치더라도 다시는 때리지 않을게. 적어도 이 집에서는 안심하고 지내도 돼."

첫 상담 때도 안 우셨던 어머님이 비로소 울음을 터뜨렸습니다. 가출했던 아들이 손발이 얼음장같이 차가웠는데도 손 한번 잡아주지 않고 따뜻한 밥 한 끼 먹이지 않았던 것이 많이 후회되신다고요. 저도 같이 눈물을 흘렸습니다.

어머님이 다시 소식을 전해온 것은 6개월 정도 지난 무렵이었습니다. 아들이 그 후로도 또 두어 번 작은 사고를 쳐놓고는 천연덕스럽게 "엄마한테 말하라며?"라고만 해서 '이게 효과가 있나?' 싶기도 하고 얄밉기도 했지만, 차츰 몰라볼 정도로 차분해졌다고 합니다. 학교에서 상담받고 병원에서 주의가 산만한 것을 치료한 덕이기도 했겠지만, 아들이 예전보다 자신을 스스럼없이 대하는 것은 진심이 통해서였을 거라며 감사하다고 했습니다.

안전지대에 대해 이처럼 빨리 이해하고 적용한 분을 못 봤기에 늘 생각이 나고 부모님들에게도 시사하는 바가 클 것 같습니다. 또한 '부모의 회심이 있어야 시작이 순조롭고 또 완벽하게 마무리된다'는 말도 충분히 이해되셨을 것입니다. 요즘은 학생에게 어떤 문제가 있으면 위wee센터, 학교 심리 상담실, 바우처 제도를 통한 외부 상담 등 다양한 루트를 통해 상담을 받을 수 있으며 학교에서도 강력하게 권장하거나 요구하는 추세입니다. 그러니 심리 상담을 시작하는 건 그리 어렵지 않습니다. 하지만 그 효과를 제대로 보려면 부모도 준비해야 할 것이 있습니다. 바로 회심을 통한 안전지대 조성입니다. 죄송한 말이지만, 부모 자신은 아무 변화 없이 앞의 아이처럼 주의가 산만하고 충동적이며 사춘기가 되어 폭력성까지 증가한 아이를 상담실에만 보냈을 때, 제 경험상 6개월 안에 정상화된다는 건 어림없는 이야기입니다. 부모가 변해야만 치료 기간을 단축할 수 있습니다. 물론 산만함 자체가 드라마틱하게 없어지는 문제는 아닙니다. 약물 치료가 필요한 증상은 치료를 오래 받아야 할 수도 있지요. 하지만 친구에게 폭력적인 언행을 하는 부분은 얼마든지 빠른 시일 내 치료할 수 있으며, 그렇게 하나씩 생활과 마음을 관리하면 아이 인생이 바뀝니다. 부모로서 이런 기회를 놓치면 안 됩니다. 회심의 치유력으로 하나씩 해결해보시기 바랍니다.

아이가 잘못했을 때 껴안아주기

부모로서 가장 힘들 때가 언제인가요? 세 가지만 떠올려보세요. 저는 아이가 세 살이 되기 전, 아이가 아플 때, 그리고 아이가 잘못했을 때 껴안아주기를 꼽습니다. 앞의 두 개는 충분히 공감하실 것입니다. 아이가 세 살이 되기 전에는 온몸으로 돌봐야 하니 신체적 한계가 있는 데다 누구나 육아는 처음이라 일과 가정을 병행하는 데서 오는 소진감이 정말 크지요. 아플 때 부모 마음 찢어지는 건 굳이 설명이 필요 없겠고요. 그런데 아이가 잘못했을 때 껴안아주기도 참 힘듭니다. 바로 야단치고 훈계하고 싶거든요. 심지어 아이 잘못으로 피해를 입었을 수 있는 누군가를 더 편들기도 하지요.

앞 사례의 아이가 제 아이라면, 제가 처음에 내뱉고 싶은 말 역시 상담실에 오신 다른 부모님과 다르지 않습니다. "왜 그랬어? 왜? 그런 일이 벌어질 줄 몰랐어? 미쳤어? 언덕에서 밀면 당연히 다치지. 엄마가 몇 번을 말했어? 심하게 장난치면 안 된다, 밀면 안 된다, 친구 몸에 손댈 생각은 하지도 마라, 말했어, 안 했어? 내가 너 때문에 이 동네에서 얼굴을 못 들고 다녀. 엄마가 사과한 사람이 한 보따리야. 내가 왜 그래야 해? 네 잘못 때문에 왜 엄마가 죄인처럼 살아야 하냐고. 그리고 사고를 쳤으면 잘못했다고 빌어야지, 쪼그만 게 가출해서 이상한 데 처박혀 있어? 그러다가 나쁜 사람 만나면…." 이 정도만 하겠습니다. 더 나올 말만으로도 이 장을 다 채울 수 있을 것 같습니다. 너무 실망하고 화가 나서 그럴 수밖에 없는 건데, 그럼에도 부모가 아이를 껴안아주라니 정말 어려운 주문이긴 합니다.

하지만 힘들어도 그렇게 해야 합니다. 잘못했다고 아이를 몰아붙이기만 하면 오히려 반발심이 생겨 진정한 반성과 참회를 하지 못합니다. 숨 쉴 곳이 있어야 자기 행동을 돌아보기가 가능하고, 그래야 사과하든 바뀌든 이후 일들을 하나씩 해나갈 수 있습니다. 경찰서에서 용의자를 심문할 때도 밥을 시켜주는데, 하물며 아직 미완성 상태로 끊임없이 배워야 하고, 잘못했더라도 뉘우치며 또 배워야 하는 '내 새끼'에게 부모가 안전지대로 있어주어야 하는 건 너무나 당연하겠지요. 그리고 더 큰 이유가 있습니다.

첫째, 아이를 사랑하기 때문이지요. 사랑하기 때문에 더 화나는 것이고요.

둘째, 어디서부터 틀어졌는지 모르지만 이런 모습에 이르게 된 아이에 대해 짙은 연민을 흘려보내야 하기 때문입니다. 안 그러면 가슴이 미어터집니다. 그렇게 상황을 일단락해야 합니다.

셋째, 내 유전자를 지닌 내 분신이 어쩌다가 이런 상태에 이르렀는가 하는 '내' 통한의 눈물을 닦아야 하기 때문입니다. 부모의 자기 연민을 위해서도, 부모가 심하게 휘청거리지 않기 위해서도 필요한 일입니다.

넷째, 2차, 3차 문제를 방지하기 위해서입니다. 아이가 안전지대로 복구하면 1차 문제를 해결하는 데만 집중할 수 있습니다.

마지막으로, 의도치 않았더라도 보호자로서 부모의 책임도 있을 수밖에 없기에 '같이' 문제를 해결해야 하기 때문입니다.

부모가 회심했다 해서 문제가 자동적으로 풀리는 것은 아닙니다. 회심의 역할은 사실 엉망이 된 그간의 상황을 일단 '리셋'하는 데까지입니다. 휴대폰이 잘되지 않으면 전원을 껐다가 다시 켜서 리셋하지만 제 기능이 돌아올 때까지는 잠시 시간이 걸리듯, 부모의 회심으로 아이의 마음이 리셋되어도 문제를 해결하기까지는 당연히 밟아야 할 단계도 많고 시간도 걸립니다. 하지만 아무리 훌륭한 해결책이 있다 해도 일단 아이 마음에 전원이 들어와야 시도할 수 있겠지요. 회심을 통해 안전지대로 복구하는 것이 참 어렵고 돌아가는 길로 여겨지겠지만 사실은 가장 빠르고 완벽하게 문제를 해결하는 방법임을 잊지 마시기 바랍니다.

회심의 시작: "네게 사과할게"

많은 부모님이 이렇게 말합니다. "당연히 아이를 사랑하지요. 그러니까 그 난리가 났는데도 '용서'하고 다시 먹이고 입히는 것 아니겠어요?" 요점을 짚어보면, 부모가 잘못한 아이를 용서하는 것을 회심으로 받아들이는 것 같습니다. 용서 또한 보통 어려운 일이 아니며 부모의 용서하는 용기만으로도 아이가 회복되는 경우도 많습니다.

하지만 제가 "아이에게 사과하셨나요?" 물으면 대부분 말문이 막힙니다. 몇몇은 이렇게 되묻기도 하지요. "왜 제가 사과해야 합니까? 아이가 말도 없이 가출해서 화가 나 언성을 높이다 한 대 쳤을 뿐인데. 원인을 제공한 건 아이잖아요?"

진정한 회심의 시작은 '사과하기'입니다. "네가 그동안 얼마나 힘든지 몰라서 미안해. 힘들다 보니 친구도 괴롭히고 공부도 안 했던 것인데 무작정 야단만 쳐서 미안해" 이렇게 사과하는 것입니다. 거부감이 들지도 모르겠습니다만, 용서는 오히려 부모가 아이에게 받아야 하는 것입니다.

부모의 사과에는 어떤 치유 기제가 숨어 있을까요? 아이는 백지상태가 아닙니다. 자신만의 생각과 감정, 논리가 있습니다. 어른들 눈에 차지 않더라도 어떤 행동이든 다 나름의 이유가 있습니다. 무엇보다 아이는 부모가 모든 것을 지도하고 관리해서 크는 존재가 아닙니다. 먹고 입고 자는 데서 부모에게 도움받는 건 사실이지만, 신경 성숙에 기초한 보편적인 발달 과정에 따라 '알아서' 크는 부분이 훨씬 더 많습니다. 당연히 모든 생명체가 그러하듯 '잘 커보겠다'는 목표를 선천적으로 갖고 태어나지요. 부모가 원하기 전에 본인이 먼저 바란다는 뜻입니다.

따라서 어떤 문제가 생기면 누구보다도 아이가 먼저 문제가 해결되기 바라고 또 해결하고자 애씁니다. 다만 한계가 있다 보니 그 결과가 예상치 못한 방향으로 틀어질 때가 허다한데, 이때 역시 가장 혼란스럽고 속상한 사람은 본인입니다. 이렇게 가뜩이나 힘들고 속상해 죽겠는 와중에 자기편이라 생각했던 부모가 오히려 역정을 내면 노력할 마음이 사그라들지요. 그때부터는 대놓고 어깃장을 놓기 시작합니다. 안 그래도 기분이 안 좋았는데 "옳다구나!" 하면서 부모에게 화살을 돌리는 것도 있겠고요. 그러다 보면 분명 자신이 잘못했는데도 부모가 크게 화낸 것만 기억하고 '이 모든 불행의 시작이 부모'라는 왜곡된 사고가 뿌리내립니다. 여기까지 이르면 아이가 부모에게 무엇을 바랄 것 같으세요? 부모가 미안하다고 사과하기를, 혹은 부모가 자기 잘못을 인정하기를 바라겠지요. 그래야 '내가' 다시 노력할 수 있을 테니까요. 아이도 사실은 엄청 간절하게 다시 시작할 수 있기를 원합니다. 이 모든 상황이 종료되어 제발 다시 마음 편히 웃고 먹게 되기를요. 그런데 미숙한 자존심 때문에 누군가 멍석을 깔아주기를 바랍니다. 부모의 사과가 바로 이 멍석 깔아주기의 역할을 합니다.

2022년 4월에서 6월까지 tvN에서 방영된 드라마 〈우리들의 블루스〉 많이 보셨지요? 매회 다양한 인물의 에피소드가 흥미진진하게 펼쳐졌지만, 특히 많은 시청자가 옥동(김혜자 분)과 동석(이병헌 분)의 이야기가 어떻게 끝날지 궁금했을 것입니다. 마지막 회에 이들의 엔딩이 공개되었는데, 우여곡절 끝에 엄마와 짧은 여행을 하게 된 동석은 가는 내내 엄마에게 어떻게 자신에게 한 번도 미안해하지 않느냐 질문합니다. "늘 뭐가 그렇게 당당해서 나한테 미안한 게 없냐. 그래 놓고 어떻게 나한테 미안한 게 없어." 자기 친구의 아버지와 재혼한 것도 모자라 의붓형제에게 허구한 날 맞아도 한 번도 편들어주지 않고 냉랭했던 엄마에 대한 속상함을 계속 드러냈지요. 동석은 왜 계속 이런 질문을 했을까요? 사실은 진즉부터 엄마와 잘 지내고 싶었기 때문이겠지요. 이제는 늙고 병든 몸으로 홀로 근근이 생계를 이어가는 엄마를 용서하고 화해하고 싶었던 것입니다. 하지만 '미숙한 자존심' 때문에 먼저 손 내밀기는 쑥스러우니 엄마가 딱 한 번이라도 "미안했다"라고 사과하면 못 이기는 척 그 손을 잡으려 했던 것이지요. 물론 작가의 의도는 다를지도 모르지만 저는 그렇게 유추해보았습니다. 하지만 옥동은 끝내 사과하지 않고 눈을 감습니다. 동석은 그제야 죽은 엄마를 안아주며 평생 미워한 게 아니라 화해하고 싶었다는 속마음을 드러내지요.

저는 동석이 마침내 엄마를 받아들일 수 있었던 건 엄마가 세상을 떠났기 때문이라고 생각합니다. 상황이 종료되어 더 이상 아무 말도 들을 수 없으니까요. 엄마가 죽지 않았다면 동석이 여전히 고집 피우며 엄마와 거리를 두는 것으로 드라마가 끝나고 〈우리들의 블루스 2〉가 나왔을지도 모릅니다. 뚝심 있는 작가의 스타일상 마지막 회라 해서 이 모자를 선불리 화해시키지는 않았을 것이라는 제 '뇌피셜'이긴 합니다만, 그만큼 부모의 사과가 자식에게 아주 큰 의미가 있다는 점은 강조하고 싶습니다.

코로나19가 발생하고 1년 정도는 모두 긴장하며 조심했던 것 같습니다. 하지만 예상보다 사태가 길어지자 인내심도 떨어져 사회적 거리두기가 차츰 소홀해졌지요. 그즈음 대학생인 제 딸이 친구들과 여행 간다는 걸 말린 적이 있습니다. 가족이 코로나19에 걸리는 것도 무서웠지만 매일 사람을 대하는 제 직업상 더욱 조심할 수밖에 없었으니까요. 하지만 딸은 제 심정을 몰라주고 "다른 애들은 다 돌아다니고 놀러 간단 말야. 엄마가 지나치게 엄격한 거야"라며 대들었고, 저는 저대로 "일부 애들이 그러는 거지 무슨 모든 애들이야? 일종의 천재지변 같은 상황인데 그거 하나 이해 못해?" 하며 맞서 분위기가 급속도로 냉랭해졌습니다. 한 번도 제 말에 격정적으로 반기를 든 적이 없던 터라 더 서운하고 속상해서 저도 평소와는 다르게 화해의 제스처를 금방 보내지 않았습니다.

그러던 중 코로나 블루로 힘들어하는 대학생을 상담하게 되었는데, 자신이 워낙 외향적인 사람이라 모임을 갖지 못하는 상황이 너무너무 스트레스라는 말을 들었습니다. 문득 가족 중 유일하게 외향적인 딸이 다른 가족과 달리 집에만 있는 게 무척 힘들었겠다는 생각이 들면서 반성이 되더군요. 그날 귀가하자마자 딸에게 "네가 참 사람 만나기 좋아하는데 엄마가 그것도 이해해주지 못하고 너무 몰아붙였네. 미안해"라고 말했습니다. 그랬더니 딸이 냉큼 "어, 엄마 나도 미안했어" 하는 게 아니겠어요? 제가 먼저 사과해도 딸이 며칠 더 튕길 거라고 예상했거든요. 딸도 사실 제게 미안한 마음이 있었는데 먼저 말하긴 싫었을 것이라는 생각이 들더군요. 엄마가 먼저 멍석을 깔아주자 '때는 이때다' 하며 얼른 화해의 손을 잡은 거겠지요. 나중에 딸에게 "그때 말야, 엄마가 미안하다고 하자마자 어떻게 그렇게 빨리 마음을 풀었어?"라고 물었더니 "나도 몰라. 그냥 마음이 풀리던데?" 이렇게 말하더군요. 부모의 사과는 뉴턴의 사과apple보다 더 위대함을 새삼 느낀 사건이었습니다.

놀랍게도 부모가 먼저 사과했는데도 미안해하거나 고마워하기는커녕 오히려 더 적반하장으로 나오는 아이들이 있습니다. "이제 사과하면 무슨 소용이야? 내가 뭐 얼씨구나 하며 좋아할 줄 알았어?" 이렇게 등짝 스매싱의 유혹을 불러일으키는 말을 조잘조잘 내뱉기도 합니다. 하지만 부모는 이런 말에 속아넘어가면 안 됩니다. 그저 '정당한 대우를 받지 못할 때 권리를 주장하기 위해 부리는 심술', 몽니를 부리는 것뿐이니까요. 무슨 권리일까요? '세상 소중한 자식'에 걸맞은 부모의 사랑을 받을 권리겠지요. 잠시 심술부리는 것뿐이니 모르는 척 계속 사랑을 주면 슬며시 팔짱을 풉니다. 특히 사춘기 아이가 심술부릴 때는 '정말 내 자식 맞나' 싶을 정도로 어찌나 유치하고 매운 말을 하는지 모릅니다. 하지만 그들이 무슨 말을 하든 부모에게 듣고 싶은 말은 딱 하나입니다. "널 사랑해. 널 믿어. 네가 있어서 참 좋다."

무엇을 어떻게 사과해야 할까

사과의 중요성을 알았더라도 막상 무엇을 사과해야 할지 모를 수 있습니다. 부모가 아이를 거칠게 대했더라도 속으로는 다 사랑하고 있기 때문에 오히려 자신의 어떤 행동이 아이에게 상처가 되는지 잘 모를 수 있거든요. 손찌검 같은 엄연한 폭력이 있었다면 아이가 상처받는 것도 명확하겠지만요. 이럴 때는 다음 사항을 한번 살펴보시기 바랍니다. 아이가 18세 생일이 되기 전에 혹시 아이에게 이렇게 한 적이 있는지 떠올려보세요.

- 아이에게 욕하거나 모욕하거나 소리를 지르거나 창피를 주었다.
- 아이를 밀치거나 꽉 움켜잡거나 물건을 던졌다.
- 늘 아이에게 명령하고 지배하며 통제했다.
- 아이에게 자주 빈정대고 냉소적이었으며 자주 비난했다.
- 자신의 말을 듣지 않으면 떠나버리겠다고 겁주었다.
- 잘못했을 때 지나친 제재를 가하거나 벌주었다.
- 아이를 이름으로 부르지 않고 멸시하는 호칭으로 불렀다.
- 형제자매끼리 비교하고 특정 아이를 편애했다.

- 지나치게 엄격하며 많은 것을 기대하고 요구했다.
- 아이가 무엇을 좋아하고 무엇에 행복해하는지 관심 갖지 않았다.
- 아이가 성추행이나 성폭력 당했음을 알고도 위로해주지 않았다.
- 아이가 중요하고 특별한 사람이라고 느끼게 해주지 않았다.
- 부부 싸움이 잦았고 싸우는 도중 감정이 격해져 아이를 방치한 적이 있다.
- 술이나 약에 취해 아이를 방치한 적이 있다.
- 이혼하기까지 시간이 오래 걸렸고 분쟁이 잦았다.
- 먹을 것, 입을 것 등을 제대로 제공해주지 않았다.
- 부모 자신의 실수에 대해 사과하지 않았다.

이 항목은 도나 잭슨 나카자와의 《멍든 아동기, 평생건강을 결정한다》와 토니 험프리스의 《심리학에서 육아의 답을 찾다》에 제시된 것 중 일부입니다. 두 저자가 성인이 되어서도 큰 영향을 미치는 아동기의 부정적 경험을 토대로 꼽은 것입니다. 이 외에도 더 많은 항목이 있지만 어떤 상황을 말하는지 충분히 이해되셨을 것입니다. 해당하는 상황이 있다면 반드시 사과하시기 바랍니다. 이런 내용의 사과가 되겠지요. '그때 많이 놀랐을 텐데, 화났을 텐데, 슬펐을 텐데, 무서웠을 텐데 네 마음도 몰라주고 혼자 놓아두어서 미안해.'

앞의 항목을 보면 비단 직접 아이를 세게 때리지 않았더라도 밀치거나 움켜잡는 것만으로도 아이가 큰 상처를 입는다는 것을 알 수 있습니다. 언어적 폭력과 빈정거림도 마찬가지고요. 부부 싸움이나 이혼에 대해서도 사과해야 하느냐, 불가능할 정도로 완벽한 부모를 요구하는 게 아니냐고 할 수도 있지만, 부부 싸움이나 이혼 자체가 문제가 아니라 그 과정에서 힘들었을 아이의 마음을 읽어주어야 한다는 뜻입니다. 마음만 읽어주면 요즘 아이들은 미디어의 영향으로 부모의 갈등이나 이혼에 대해 아는 것도 많고 또 충분히 수용합니다.

특히 중요한 것은, 아무리 집안에 갈등이 있어도 아이를 굶길 정도로 방치하면 안 된다는 점입니다. 생리적 욕구가 흔들리면 심리적 불안감이 거세지고 그나마 참고 있던 울분이 폭발합니다. 사실 아이에게는 이기적인 면이 있지요. 품성의 문제가 아니라 자신도 살기 위한 몸부림에서 나오는 태도입니다. 부모가 대치하면 어느 아이라도 긴장하지만 배만 부르면 '나 몰라라' 합니다. 친구와 '애미 애비 또 시작한다' 카톡을 주고받으며 부모 흉을 보더라도 일단 자기 자리는 지키고 있습니다. 하지만 부모가 밥을 주지 않거나 아이에게 애꿎은 화를 투사해 휴대폰을 뺏는다든지 직접 해를 끼치면 '완전 폭발'하지요. 단순히 휴대폰을 뺏겨 그러는 것이 아니라 자신도 어쩔 수 없어 참고 사는 것뿐인데 마지노선을 건드렸다는 포효입니다. 때로는 부모가 아니라 조부모, 친척 등 동거인이 폭력적인 모습을 보이거나 술에 취해 있을 때도 있습니다. 부모 잘못이 아니기에 사과할 일은 아닌 것 같지만 아이가 느꼈을 불안에 대해서는 위로하고 사과해야 합니다. 그런 환경에 놓이게 해 미안하다는 뜻이지요.

사과는 말로 하거나 행동으로 보여줄 수 있는데, 성인끼리는 행동으로 하는 사과도 통하지만 아이에게는 말로 하는 것이 좋습니다. 아이는 사고가 아직 자기중심적이고 학교와 또래관계에 적응하는 것만으로도 몹시 바쁜지라 부모의 행동을 보고 '내게 미안해하네' 이렇게 유추할 여유가 없습니다. 간 보지 말고 빠르고 분명하게 '말'로 사과하는 편이 좋습니다. 편지나 글, 카톡으로 사과하는 것도 추천하지 않습니다. 어쨌거나 커튼 뒤에서 하는 느낌이 있거든요. 도저히 안 될 경우에는 할 수 없지만 웬만하면 아이에게 말로 직접 사과하시기 바랍니다.

사과한다는 건 무슨 의미일까요? 지난 실수나 잘못을 인정하고 미안함을 전하며 **'다시는 반복하지 않겠다'**는 다짐입니다. 잘못하고 사과하고, 실수하고 또 사과하고 그렇게 하라는 의미가 아닙니다. 물론 "지난번에 사과했는데 엄마가 또 그래 버렸네. 엄마도 완벽하지 않아서 그래. 계속 노력할게" 이렇게 진심을 담은 사과는 한두 번 반복되어도 문제없습니다. 하지만 상습적인 사과는 치유력이 없겠지요.

사과는 즉시 마음을 움직인다

혹시라도 지금 아이에게 사과해야 할 상황이라면 아이가 어떤 상태인지 한번 떠올려보세요. 부모에게 말을 거의 안 하고 거칠게 화내거나 갑자기 냉소를 날리는 등 감정이 매우 단순해 보일 것입니다. 물론 집에서는 주로 화내고 있지요. 도나 잭슨은 아동기 때 트라우마를 겪은 사람이 감정을 차단하게 된다고 했습니다. 그것이 힘든 아동기를 견뎌내는 유일한 방법이라고요. 왜 아이 감정이 단순해 보이는지 이해되셨지요? 단순해 보이는 게 아니라 단순해졌다고 보는 게 더 맞겠지요.

현재 사과해야 할 상황이라면 그동안 아이가 힘들었을 테니 자신의 감정을 억압하거나 차단해왔을 것입니다. 그렇다면 부모가 사과하려는 이 아이는 현재 자신의 감정을 제대로 느끼거나 표현하지 못하겠지요. 그래서 부모가 눈물을 흘리며 사과해도 정작 아이는 데면데면할 수 있습니다. 그걸 '애가 양심이 없네' 하며 오해하면 안 됩니다. 그간의 힘들었던 시간으로 인해 아이의 감정적 자원이 바닥났다고 봐야 합니다.

하지만 사과는 참 순식간에 감정을 움직입니다. 메마른 감정도 점차 움트게 하지요. 때로는 "사랑해"보다 "미안해", "사과할게"라는 말이 훨씬 감정을 움직입니다. 사과할 정도의 상황에 이르렀다면 마음의 거리가 너무 멀어져 있어 대뜸 사랑한다고 해봤자 거짓말 같습니다. 하지만 사과하면 서로 간에 다리가 놓입니다. 그렇게 서로 한 걸음씩 다가가 마침내 서로 눈을 쳐다보고 안을 때 비로소 사랑을 말할 수 있습니다. 얼었던 감정이 풀리면서 '말'도 살아나 이제부터 해야 할 일을 같이 이야기해볼 수 있을 것입니다.

부모 마음 돌보기:
"힘들면 잠시 멈추고, 막히면 돌아갑니다"

아이가 아프면 즉각 병원이나 상담실에 데려가지만, 정작 부모 자신이 힘들 때는 참 어디 가서 하소연할 곳도 마땅치 않고 갈 곳이 있다 해도 시간이 없지요. 많이 힘들 때는 주저 없이 전문 상담을 받아야겠지만 스스로 마음을 돌보는 셀프 코칭 기법을 알아두면 도움이 될 것입니다. 설명에 앞서 한 아버님이 늘 되새기며 버텨왔다는 말을 드려봅니다. "힘들면 잠시 멈추고, 막히면 돌아갑니다."

일상을 단순화하세요

아이의 상황이 어느 정도 안정되기까지는 참 정신이 없습니다. 어느 하루도 같은 날이 없습니다. 그럴수록 일상을 단순화하세요. 꼭 해야 할 일만 체크하고 나머지는 과감하게 가지치기하세요. 쌍둥이를 키우는 지인은 어떤 책에서 읽은, 워킹맘으로 장군의 위치까지 올라간 미국의 유명한 여성이 썼던 전략으로 자신도 큰 효과를 보았다고 했습니다. '일단 우선적으로 처리할 일의 리스트를 작성한다. 1번, 2번, 3번, 4번, 5번…. 그리고 3번 이후는 전부 삭제한다'는 내용인데 유능한 여성 장군으로 올라간 사람의 전략이라니 믿어볼 만하지 않을까요. 부모라면 장군 못지않게 바쁘니 이런 식으로 일상을 단순화해보는 것도 좋겠습니다.

감정이 올라올 때(1): 즉각 '마음 회로'를 변경하세요

감정이 올라올 때는 그 감정을 충분히 느끼고 의미를 찾고 감정 그대로 표출해보는 것이 맞습니다. 하지만 부모는 시간이 부족하니 좀 더 빠른 대처법도 알고 있어야 합니다. 일단 급한 불 먼저 끄고 나중에 따로 시간을 내 감정을 들여다보시기 바랍니다. '마음 회로'를 변경하라는 건 그 감정에 머물지 말고 다른 일이나 활동으로 주의를 분산시키라는 뜻입니다. 예를 들어 아이에게 '열받은' 상태더라도 그 기분에 오래 파묻혀 있지 말고 '일어나' '찬물 마시기', '창문 열기', '음악 듣기', '맛있는 음식 먹기' 등을 하라는 것입니다. 이것만 해도 감정이 많이 사라집니다.

일어나기 싫으면 바로 '생각'으로 옮겨가세요. '아, 나 열받았네. 그럴 만도 하지. 하지만 내가 더 강한 사람이니까 또 한 번 넘어간다. 아이가 어제까지는 말도 안 했는데 열받게라도 하니 좀 발전한 거 아닌가?' 이런 식으로 생각하다 보면 감정이 서서히 식습니다. 생각의 효과가 가장 좋을 때는 긍정적인 쪽으로 생각할 때입니다. 앞에서 '좀 발전한 것 아닌가?' 하는 생각도 긍정적이지요. 유머까지 섞이면 마음이 빨리 갭니다. 긍정적인 면이 금방 떠오르지 않으면 '이만해서 다행이다. 이쯤에서 멈추자'라고만 생각해도 좋습니다. 심지어 '나 화났네. 아이에 대해 실망과 무력감을 느끼는군' 하며 감정에 이름만 붙여도 마음이 한결 가벼워집니다. 걱정과 불안이 심해 잠을 못 자던 어떤 부모님이 침대에 누워 "나 불안해. 나 불안해. 나 걱정돼"라고 계속 말하다가 그만 지쳐 잠들었다는 일화도 있습니다. 감정에서 말이나 생각, 행동으로 회로가 바뀌면 과부하가 덜 걸려 그렇습니다. 그다음, 2부에서 작성한 작심노트를 보면서 다시 레츠 고!

감정이 올라올 때(2): 아예 감정을 갖고 놀아보세요

감정을 갖고 논다? 두 가지 방법이 있습니다.

첫째, 감정을 약한 표현으로 대체해보세요. 인간의 대표적 감정인 '화'는 실제로 어떤 감정이라고 생각하세요? 여기에는 미움, 증오, 분노, 혐오, 억울함, 한, 경멸감, 자기혐오감, 실망감, 자존감 저하 등 상당히 많은 감정이 내재되어 있습니다. 사실 우리는 이 중 어떤 감정인지 모른 채 무턱대고 아이에게 화내곤 합니다. 하지만 자세히 들여다보면 이 중에서도 감정의 강도가 매우 센 것이 있고 좀 약한 것이 있습니다. 그 분류 기준도 사람마다 다르긴 한데, 제 기준에서는 증오나 분노는 감정의 강도가 높고 실망감은 낮아 보입니다. 그러니 앞으로는 아이에게 "너만 보면 **화**가 나"라고 하는 대신 "네게 좀 **실망**했다"라고 말해보자는 것이지요. 앞의 말보다는 아이가 수용할 수 있는 범위이며 부모도 극단적인 기분이 덜해집니다.

이렇게 대체해보는 것은 부모 자신의 감정을 다룰 때도 도움이 됩니다. 예를 들어 누군가에게 강한 질투를 느낀다고 해보세요. 배도 아프고 약이 올라 미치겠고 나 자신이 초라해지는 것 같을 때 '(그 사람은) 좋겠네' 이렇게 단순하게 표현하면 좀 심드렁해집니다. '뭐, 나도 조만간 그렇게 살 테고' 이렇게 덧붙여도 보고요. 감정에서 거리를 두면 확실히 마음이 편해지는데, 감정을 최대한 중립적으로 표현해보는 건 그 한 가지 방법입니다. '큰일 났네. 절망적이야. 살길이 안 보이네' 이렇게 말하면 정말 신경이 곤두서지만 '해결할 일이 생겼군. 좀 힘이 빠지네. 어렵지만 또 길을 찾아봐야지' 이렇게 바꾸면 까짓것, 한번 해볼 만하다는 생각이 듭니다. 감정이 참 변화무쌍하고 다루기 힘들지만 알고 보면 생각을 잘 따른답니다.

둘째, 자기 감정을 희화화해보는 겁니다. 자신을 '수진이 엄마'라고 생각하고 개그맨 노홍철 씨의 목소리를 흉내 내서 아주 빠르게 다음과 같이 읊어보세요. "네! 수진이 어머님 또 뚜껑 열렸습니다. 수진이 어머님, 지금 너무 열받아서 코에서 연기가 나는데요. 어쩌지요? 어떻게 할까요? 네, 찬물을 한 잔 벌컥벌컥 마시고 있네요. 오, 대단한 맷집, 이번에는 (자기 감정을) 잘 보내버릴 것 같습니다!" 자신도 모르게 웃음이 나면서 '내가 쓸데없이 심각했다'라는 생각이 들겠지요. 자신의 감정을 객관화, 이왕이면 코미디 하듯 객관화하면 감정의 늪에서 빠져나오기 쉽습니다.

감정이 올라올 때(3): 다른 사람이 처한 상황이라고 가정해보세요

아이와의 관계에서 갈등이 고조될 때 다른 사람이 똑같은 문제로 당신에게 도움을 요청했다고 가정해보세요. 그 사람에게 무슨 말을 해줄까요? 매우 합리적이면서 서로 받아들일 수 있는 말을 해줄 것입니다. 그 말을 자신에게 적용해보세요. 그럼 훨씬 차분하게 상황을 볼 수 있습니다. 양자 모두 납득할 수 있는 제삼자를 세워 그 사람의 판정을 따르는 방법도 있습니다. 예를 들어 중학생 아이와 어떤 문제로 언쟁이 잦다면 고등학생 또는 대학생 형제나 사촌의 말을 들어보는 것입니다. 이런 경우 보통 "엄마(이모), 요즘 애들 다 그래. 얘만 별난 게 아니야"라는 말을 듣게 되지요. 그럼 부모가 한발 물러서야겠지요. 세대에 따른 시각 차이가 분명히 존재하기 때문에 부모가 놓치는 점이 있기 마련입니다. 끝까지 자신의 생각이 옳다고 바득바득 우기지만 않는다면 의외로 쉽게 상황을 정리할 수 있을 것입니다.

일기를 써보세요

아이에게 어떤 변화가 있었는지, 어떤 일의 결과가 왜 좋거나 별로였는지 적어두면 많은 도움이 되며 효과가 좋았던 방법을 기억하기도 쉽습니다. '왜 그때는 가능했는데 지금은 안 될까?' 이렇게 생각하다 보면 해결책도 빨리 찾고 여유도 생깁니다. 또 일기는 감정을 치유하는 데 큰 효과가 있습니다. '사막'에서 고군분투하다 보면 외로울 수밖에 없고 불안도 많이 느낄 텐데 일기 쓰기가 그런 감정을 해소하는 데 도움이 됩니다. 굳이 길게 쓰지 않아도 됩니다. 휴대폰 메모 기능을 사용해도 좋고 블로그 같은 개방형 매체를 사용해도 좋습니다. 제임스 페니베이커와 존 에반스는 《표현적 글쓰기》에서 하루에 15~20분만 일기를 써도 스트레스 호르몬 수치가 낮아진다고 했습니다. 당연히 질병도 예방되겠지요. 아이를 돌보느라 자기 몸 돌볼 시간이 없는 부모에게 또 다른 희소식입니다.

짧게라도 명상하세요

끄적거리기라도 하는 일기에 비해 명상은 아예 아무것도 안 하는 것처럼 보이지만 마음을 차분히 가라앉혀줍니다. 통상적인 명상 매뉴얼에서는 최소 20분 이상을 추천하지만 너무 얽매이지 말고 편하게, 5분이라도 하면 됩니다. 가부좌 자세로 앉아서 하는 게 가장 정통적인 방법이지만 걸으면서, 설거지하면서 해도 좋습니다. 잠시 생각을 좀 떠나보낸다는, 멍 때린다는 느낌으로 있어도 됩니다. 오히려 이럴 때 뇌 내 신경 회로망이 다시 활성화됩니다. 사실 우리가 많은 것을 알고 의식적으로 통제하는 것 같지만 무의식적으로 진행되는 부분이 더 많습니다. 잠시 눈을 감고 있으면 '아, 오늘 이거 하는 걸 빠뜨렸구나. 내일 저기 가야 하는데 잊어버릴 뻔했네' 하는 생각이 들면서 삶을 통합하는 데 도움받을 수 있을 것입니다. 자신의 지성知性과 우주의 지혜까지 받아본다는 지성至誠의 마음으로 잠시라도 눈을 감아보세요.

짧게라도 산책하거나 운동하세요

부모님들, 아이를 제대로 보살피기 위해 먼저 체력을 관리해야지요. 너무도 기본인데 의외로 잘 지키지 않습니다. 하루에 30분이라도 밖에 나가서 햇볕을 쬐며 걸으세요. 아이와 같이 걸으면 더 좋습니다. 햇볕을 쬐면 우울증을 관리하는 데 중요한 세로토닌과 숙면을 돕는 멜라토닌이 잘 분비되며 비타민 D가 형성되어 골다공증도 예방됩니다. 햇볕은 신이 내린 최고의 선물입니다. 체력을 관리하는 차원뿐만 아니라 감정을 다스리는 데도 밖에 나가는 것은 큰 도움이 됩니다. 아이에게 화가 났을 때 밖으로 나가면 환경이 바뀌는 효과로 인해 화가 가라앉습니다. 뛰면 더 좋습니다. 사람이 드문 데서 뛰면서 소리까지 지르면 가슴이 뻥 뚫릴 것입니다. 돌아오는 길에 붕어빵이든 아이스크림이든 맛있는 걸 사와서 같이 드세요. 다이어트 걱정은 잠시 내려놓고 일단 마음을 살립시다. 아이를 밤새 돌봐야 하는 상황이라면 부모가 번갈아 숙면을 취해 절대 수면량이 부족하지 않도록 해야 합니다. 잠이 부족하면 감정이 잘 통제되지 않고 머리도 돌아가지 않으니까요.

아이가 무엇을 바랄지 적어보고 자주 들여다보세요

작심노트가 부모로서 명심할 내용이라면 지금 적어보길 제안하는 것은 아이 입장에서 부모에게 어떤 것을 바랄지 생각해보는 것입니다. 감정이 올라올 때는 이상하게 기억나지 않기 때문에 적어놓기를 권합니다. 저도 아이 때문에 속상하면 잠시 머리가 멍해지면서 만사가 귀찮아질 때가 있는데, 그럴 때 방에 들어와 적어둔 것을 뒤적이면서 '뭐가 그리 어렵다고 못해주는 거지?' 하며 마음을 다잡곤 합니다.

몇 가지를 제안하겠습니다. 아이가 특별히 바라는 것, 지금 아이에게 유독 필요한 것, 그동안 미흡하게 해주었던 것에 밑줄 치고 각 가정에 필요한 내용을 추가해보세요.

- 내 아이는 내가 무조건적으로 사랑해주기를 바란다.
- 내 아이는 내가 너그럽고 쉽게 용서해주기를 바란다.
- 내 아이는 내가 다정하게 대하고 자주 안아주기를 바란다.
- 내 아이는 내가 칭찬하고 격려해주기를 바란다.
- 내 아이는 내가 자기 말을 잘 듣고 호응해주기를 바란다.
- 내 아이는 내가 자기 마음을, 특히 불안해할 때 알고 도와주기를 바란다.
- 내 아이는 내가 자주 웃고 자기를 웃겨주기를 바란다.
- 내 아이는 내가 다른 형제자매와 비교하지 않고 공정하게 대하기를 바란다.
- 내 아이는 내가 ______________________를 바란다.

• 내 아이는 내가 ______________________ 를 바란다.

• 내 아이는 내가 ______________________ 를 바란다.

야단칠 때는 과감하게 하세요

초심으로 돌아가야 한다고 해서 잘못했는데도 무조건 봐주라는 것은 아닙니다. 야단쳐야 할 때는 과감해야 합니다. 다음 장에서 자세히 이야기할, 아스퍼거 증후군을 갖고 있는 별이 어머니는 이혼으로 떨어져 산 아들을 중학교 3학년이 되어서야 다시 만났습니다. 그제야 아들의 상태를 알게 되어 뒤늦게 치료받기 시작하면서 그야말로 온 마음과 몸을 바쳐 키웠습니다. 주변에서 '그러다 너부터 쓰러진다'며 적당히 하라는 말을 들을 정도였지요. 특히 고등학교에 입학하고 적응할 때까지는 일거수일투족을 세심하게 보살폈는데, 어느 날 아이가 친구들에 휩쓸려 소아마비 친구를 괴롭혔다는 말을 들은 후 "실망했다", "치사한 놈"이라는 말을 하면서까지 아주 엄하게 야단쳤습니다. 별이가 예전에 수차례 친구들에게 괴롭힘을 당한 터라 아이 심정이 이해는 되었지만, 어머니는 조금의 여지도 주지 않고 "네가 힘들었다 해서 너보다 더 약한 사람을 괴롭히는 건 아주 큰 잘못이야. 실망했다는 것, 치사하다는 것이 뭔지 너도 알지?" 이렇게 단호하게 야단쳤습니다. 그 감정 없어 보이는 아이가 눈을 똥그랗게 뜨고 듣고 있었다 합니다. 이후 아이가 친구들 사이에서 센스가 부족한 행동은 간간이 해도 다시는 남에게 피해 주는 일을 하지 않았다고 하더군요. 대학생이 된 후에는 과 엠티를 갔을 때 소아마비로 몸이 불편한 친구를 내내 도와주기도 하고요.

'야단은 쳐야 하는데 아이 기분이 상하면 어떻게 하느냐'고 질문하는 분이 있는데, 기분 상하지 않게 야단칠 수는 없지요. 당연히 기분이 상할 것이고, 또 그래야 조심하게 됩니다. 아이의 행동이나 겉모습을 아이와 동일시해 자존감을 심하게 건드리는 일만 조심하면 됩니다. 야단친 후 사이가 몹시 안 좋아진다면 애당초 아이와의 교감이 부족했을 가능성이 있습니다. 훈육하기 전에 교감부터 해야 하는 것은 육아의 황금률이기도 하지요. 평소에 너그럽고 다정한 태도로 수용해주어 충분히 교감했다면, 잘못했을 때 정색하고 훈육하더라도 아이가 순순히 받아들입니다.

아이의 상태를 알려야 한다면 당당하게 공개하세요

아이의 상태를 사람들에게 알리는 것은 여러 가지 변수를 고려해서 결정해야 합니다. 가장 중요한 것은, 공개하는 것과 공개하지 않는 것 중 무엇이 아이에게 도움이 될지 따져봐야 한다는 것입니다. 예를 들어 주의력결핍장애 진단을 받았다 할지라도 '주의력' 문제만 있다면 굳이 공개하지 않아도 되지만, '과잉 행동' 문제가 심하다면 수업 분위기를 흐리면서 교사나 친구들에게 부정적인 평가를 받을 가능성이 높으므로 교사에게 알리고 도움을 요청하는 편이 더 낫겠지요. 물론 아이에게 먼저 "넌 생각의 속도가 엄청 빨라. 그래서 다른 애들이 천천히 생각하는 중인데도 끼어들어 말을 많이 하거나 산만하게 행동할 수 있어. 그러면 애들이 싫어할 수 있겠지. 그래서 선생님께 알리고 도움을 받으려 하는데, 어때?" 이렇게 물어봐야 합니다. 아이의 상태를 알리기로 결정했다면 당당하게 공개하세요. 아이에게도 자신의 모습에 대해 조심은 하되 위축되지 않도록 안심시켜주시고요. "넌 상상력이 뛰어나고 다른 애들이 보지 못하는 면을 볼 수 있어. 너만이 볼 수 있는 것들을 같이 찾아보자." 이렇게 격려하면 좋을 것 같습니다. 부모가 이런 태도를 보이면 아이도 자신의 문제를 일부로만 받아들이고 긍정적인 면을 계발하는 데 빨리 집중할 수 있습니다. 난독증이 있음에도 크게 성공한 지인은 새 거래처와 일을 시작할 때마다 이런 메일을 보낸다고 합니다. '저는 난독증이 있어 메일 송수신 처리가 늦으니 양해 부탁드립니다. 하지만 맡겨주신 일은 철저하게 해낼 수 있으니 걱정 안 하셔도 됩니다.' 어떻게 그렇게 멋진 대처를 하게 되었는지 물었더니 어려서부터 부모님이 그렇게 하라고 지도해주셨다더군요.

불안과 상처도 약이라고 생각해보세요

상황을 수용하고 당당하게 살아보겠다 다짐해도 한번씩 불안해집니다. 안 그래도 힘들어하는 아이가 친구에게 놀림받으면 그날은 아무

것도 손에 잡히지 않지요. 그럴 때는 불안과 상처도 다 약이 된다고 생각해보세요. 피상적으로 들릴 수 있어 조심스럽지만, 그 모든 힘든 경험이 아이의 심리적 면역력을 높여줄 것입니다. 친구들이 놀리지 않도록 교사와 상의해 재발 방지를 약속받는다 해도 정글 같은 교실에는 결국 아이 혼자 있을 때가 많아 마음의 상처를 받는 것을 완벽하게 막아줄 수는 없습니다. 그러니 이왕 받을 수밖에 없는 상처, 차라리 '잘' 받고 또 '잘' 이겨내는 게 더 중요합니다. 다행히 중학교보다는 고등학교 때, 또 학생 시절보다는 성인이 되었을 때 주변의 간섭과 참견이 급격하게 줄어들어 점점 '살아볼 만하게' 됩니다.

제이 셰티의 《수도자처럼 생각하기》에 실린 이야기입니다. 수십 년 전 과학자들이 애리조나사막에 '바이오스피어'라는 인공 생태계를 건설하고 생명체가 온전히 살 수 있는지 실험했다고 합니다. 유리와 쇠로 된 거대한 돔 내부에 정화된 공기와 깨끗한 물, 영양가 풍부한 토양과 자연채광 등 동식물군에 이상적인 환경을 제공해 실험이 성공한 듯했지만 처음에는 나무가 잘 자라다가 일정한 높이가 되면 자꾸만 쓰러지더랍니다. 원인을 추적한 과학자들은 나무가 건강해지는 데 필요한 핵심 요소 하나가 빠져 있다는 사실을 발견했는데, 바로 '바람'이었습니다. 바람에 수도 없이 꺾이고 휘청대봐야 비로소 건강한 나무로 클 수 있다는 '놀라운 사실'이었지요. 오늘 흘린 아이와 부모의 눈물이 결국은 바람이 되어 아이를 더 건강하게 성장시켜줄 것입니다.

좋은 것을 주기 힘들면 나쁜 것을 주지 않도록 하세요

너무 지쳐서 아이에게 미소를 보이기도, 부드럽게 말해주기도 힘든 날이 있습니다. 이럴 때는 굳이 애쓰지 말고 이 말을 기억하세요. '나쁜 걸 주지 않도록만 하자.' 앞에서도 말했지만 배고프지 않게 먹을 것 챙겨주고, 언짢은 말이 튀어나올 것 같으면 아예 자리를 피하세요.

형편이 안 되어 아이가 원하는 것을 해줄 수 없을 때도 이 말을 기억하세요. 비록 아이가 원하는 어떤 '좋은 것'을 많이 주지 못해도 '나쁜 것'만 주지 않으면 큰 문제가 생기지 않습니다. 예를 들어 초등학생 아이가 비싼 로봇을, 중학생 아이가 고가 브랜드의 패딩을 사달라고 했는데 그럴 수 없는 상황을 떠올려보세요. 돈이 없어서일 수도 있고 부모 생각에 옳지 않아서일 수도 있겠지요. 이때 아이는 자존심이 상할 수 있습니다. 로봇이나 패딩을 자랑하는 아이들 속에서 열등감을 느낄 수 있고 그 때문에 부모를 원망할 수도 있습니다. 하지만 잠시일 뿐입니다. 정말 확신 있게 말할 수 있습니다. 그런 일 때문에 아이가 인생을 포기하거나 잘못 사는 경우는 절대 없습니다. 즉, 좋은 것을 주지 못했다고 아이가 크게 잘못되는 일은 없습니다. 아이가 삐뚤어지고 앙금이 오래 남는 건, 계속 떼쓰거나 요구하는 아이에게 화가 난 부모가 아이를 무시하거나 밀치거나 때리거나 욕을 해서입니다.

따라서 아이가 원하는 것을 주지 못할 때일수록 부모의 진심을 잘 전해야 합니다. "나도 그 패딩 사주고 싶어. 하지만 그러면 다음 달 학원비를 못 내게 돼. 그러니 이번에는 사줄 수 없구나. 미안하다" 혹은 "고가의 패딩 입고 다니는 애들이 아빠 눈에는 멋있게 보이지 않는구나. 속상하겠지만 네 힘으로 살 수 있을 때까지 기다리자. 아빠도 아직 브랜드 패딩 안 입어봤어" 이렇게 말해준다면 아이가 그 자리에서는 실망하고 입을 비죽일지 모릅니다. 하지만 그 때문에 왕창 무너지지는 않으며 그때 부모가 자신을 귀하게 대했다는 것을 뒤늦게라도 알게 됩니다. 우스운 가정이긴 하지만 부모가 패딩을 안 사줬다고 가출하는 아이가 있을까요? 만약 경찰이 아이를 찾아 가출한 이유를 물었을 때 그렇게 말한다면 꿀밤을 맞을지도 모릅니다. 친구들 사이에서도 '못난 녀석'이라고 놀림받을 수 있고요. 패딩을 안 사줘서가 아니라 부모가 자기 마음을 몰라주고 오히려 역정 내며 무시해서 가출하는 것입니다.

부모님이 아이 눈높이에서 한번 생각해보세요. 아이가 원하는 것은 비싼 옷을 입는 게 아니라 무리에서 튀고 싶지 않은 것입니다. 하필 튀지 않기 위해 갖춰야 할 유니폼이 비쌀 뿐입니다. 교육이라는 게, 양육이라는 게 참 어렵지요?

나쁜 것을 주지 않도록만이라도 신경 써야 하는 이유는 인간이 긍정적 사건보다 부정적 사건을 더 오래, 또 많이 기억하기 때문입니다. 오래 살아남고자 위험을 기억하고 피하려는 진화의 기제 때문인데, 실제로 아이가 부모가 준 그 많은 선물과 혜택은 깡그리 잊은 채 못해준 것만 기억하는 데서도 익히 알 수 있습니다. 아이를 백번 칭찬해도 한

번 야단치면 그 한 번으로 평생을 야단 떱니다. "엄마가 그때 사람들 앞에서 뭐라 했잖아. 날 개무시했잖아" 이러면서 걸핏하면 불평하지요. 마치 엄마가 평생 자신을 야단만 친 것처럼 구는 건 그 정도로 부정적인 사건에 크게 위협을 느껴 생생하게 기억하기 때문입니다.

존 티어니와 로이드 F. 바우마이스터는 《부정성 편향》에서 예일대 심리학자 샌드사 스카와 그 동료들의 연구를 빌려, 부모가 폭력을 쓰거나 학대하거나 방임하지 않는 한 그 밖에 무엇을 하는지는 중요하지 않지만, '나쁜 양육'은 **분명히** 아이에게 상처를 준다는 것을 밝혔습니다. 뜻밖의 사실은 '그 밖에 무엇'에 올바르고 훌륭한 부모의 모습으로 간주되는, 아이를 지지하는 양육 태도도 포함되어 있다는 것인데, 그 정도로 나쁜 양육의 파고가 높다는 뜻입니다. 연구자들은 어떤 아이가 불행해지거나 법적인 문제에 휘말리는지 예측할 때 중요한 요인은 부모가 화내거나 너무 가혹하거나 불공평하게 훈육하는 등의 '나쁜 특성'이라는 점도 언급했습니다. 나쁜 것을 주지 않아야겠다는 각오를 더 다지게 되는 연구 결과입니다.

노파심으로 두 가지만 언급하며 마무리하겠습니다. 첫째, 나쁜 것을 주지 않도록만 하라는 것은 좋은 것을 줄 여력이 안 될 때 차선책으로 그렇게 하라는 것이지, 좋은 것을 주는 것을 절대 대체할 수는 없습니다. 둘째, 나쁜 것을 주지 말라고 해서 훈육하지 말라는 의미가 아님을 강조합니다. 앞에서도 보았듯 지나치게 가혹하거나 불공평한 훈육, 폭력이나 학대, 방임을 통한 훈육이 나쁘다는 말입니다.

앞에서 언급한《심리학에서 육아의 답을 찾다》에 나오는 말입니다. "정신 건강에 대해 알아야 할 모든 것은 단 두 단어로 요약할 수 있습니다. 무시하지 마십시오." 무시하지 말라. 이것만 기억해도 육아가 한층 쉬워질 것입니다. 모든 나쁜 양육은 아이를 무시하는 데서 시작될 테니까요. 아이의 욕구를 무시하지 말고, 들어줄 수 없을 때는 감정을 보듬어주고 이해시키세요. 야단치더라도 절대 무시하지는 마세요. 당장 아이가 부모 마음을 소화하지 못하더라도 화내지 말고, 나쁜 것을 주지 않도록 하세요.

부모와 아이 사이의 경계를 지켜내세요

아이가 안쓰러워 부모가 자신만의 시간을 조금도 갖지 못할 정도로 모든 것을 희생하면 쉽게 지칩니다. 아이를 보듬는 시간 틈틈이 부모 자신도 쉬고 재충전하는 시간을 갖기 바랍니다. 자신만의 시간이나 공간을 챙기고 자식이 부모의 권위를 무시할 때는 자신만의 '경계'가 있음을 알리며 아무 때나 침범하지 않도록 지도하세요.

"지금부터 두 시간은 엄마가 할 일이 있어. 방해하지 않을 수 있지?"

"지금부터 한 시간은 엄마가 방에서 쉴 거야. 아주 급한 일이 아니면 방해하지 않았으면 좋겠어."

"그건 아빠가 알아서 할 문제야. 그러니 너는 더 이상 신경 쓰지 말았으면 해."

"글쎄, 지금 당장 피자를 사러 가는 건 좀 곤란한데. 나중에 다시 얘기하자."

"나는 네 아빠야. 이 사실을 절대 잊으면 안 돼. 그렇게 핏대를 세우며 대드는 건 옳지 않아. 물론 아빠도 잘못을 해. 그래도 너와 잘 지내고 싶어. 널 사랑하고 우리 가족이 행복하길 바라니까."

이런 말로 부모의 물리적·심리적 경계를 지켜내시기 바랍니다.

코로나19로 인해 재택근무가 늘어났는데 아이가 툭하면 부모를 방해하니 갖은 묘수를 동원했지요. '지금 일하는 중'이라고 적힌 모자나 밴드, 형광색 조끼를 입고 있으면 절대 방해하지 말라는 신호라는 걸 미리 알리는 방법도 있었습니다. 코로나19 같은 사태가 아니더라도, 사소한 일로도 뻔질나게 부모를 찾는 아이가 있다면 이런 식의 대처도 좋겠습니다. 물론 아이가 위급한 상황에 있다면 당장 달려가야겠지만요. 아이 또한 부모가 자신을 아무리 사랑해도 모든 것을 채워줄 수는 없으며 비는 부분도 있음을, 또 기다릴 줄도 알아야 함을 배울 수 있는 좋은 기회가 될 것입니다.

완벽하게 해내려는 생각은 꿈에도 하지 마세요

아예 생각을 안 했다면 모를까, 잘해보자고 마음먹으면 또 지나치게 완벽하게 해내려는 사람들이 꽤 많습니다. 이 책의 주제도 사실 '마음먹기'와 관련이 깊으니 완벽하게 해내고 싶은 부모님이 있을 테지요. 하지만 그런 생각은 꿈에도 하지 마시기 바랍니다.

그 이유는 첫째, 금방 지치기 때문입니다. 육아 기간이 평균 20년인데 매해 '평균'만 유지하려 해도 숨이 차므로 그 이상 자신을 한계로 몰아붙이지 말기 바랍니다. 둘째, 완벽하게 하려다 그나마 할 수 있는 것도 놓치기 때문입니다. 인간인 이상 모든 것에 완벽할 수는 없으므로 어떤 부분에 완벽을 기하면, 다른 부분은 그만큼 소홀해질 수밖에 없으니까요. 두더지 게임처럼, 이쪽 두더지를 누르면 다른 쪽 두더지가 튀어나옵니다.

그저 어제보다 딱 한 걸음만, 그것도 힘들면 반 걸음만 더 나아간다고 생각하세요. 예를 들어 주의 산만한 아이가 초등학교에 간다면 '안전하게 등교하기'부터 성공해야 하며 공부는 아직 거론할 단계가 아닙니다. 또 다른 예로, '오늘부터 당장 모든 잔소리를 멈춰야지'보다 잔소리 횟수 줄이기, 했던 잔소리 또 하지 않기, 잔소리에 감정 싣지 않기 등을 하나씩 실천해보겠다고 생각하시기 바랍니다. 물론 '당장 멈추기'가 가능하시면 당장 그렇게 해야겠지요!

부모가 완벽하게 아이를 챙기지 못해도 아이는 타고난 생명력과 성장력으로 알아서 큽니다. 물론 아이가 부모의 허술한 점을 지적할 때도 있습니다. 세상에서 부모가 가장 완벽한 존재라고 생각하기 때문에 틈을 발견하면 자기도 놀라고 당황해서, 혹은 평소 자신을 야단쳤던 부모에게 복수(?)하고 싶은 마음에 그러는 것이니 너그럽게 받아들이세요. "그래, 우리도 많이 실수해. 하지만 노력하고 있단다. 같이 노력하자" 이렇게 끌고 가시면 됩니다.

어쩔 수 없이 갈등이 또 일어나고 큰 실수를 했다면 '긍정성과 부정성의 비율'을 기억해보면 좋겠습니다. 앞에서 본 《부정성 편향》에는 이 비율을 연구한 학자 중 한 명인 로버트 슈워츠의 이야기도 실려 있는데요. 그는 인생은 계속해서 행복한 것이 아니라는, 즉 긍정적인 일과 부정적인 일이 섞여 있다는, 너무도 당연한 사실을 지적하면서 중요한 것은 비율이라고 했습니다. 그의 제안에 따르면, 부정적인 일과 긍정적인 일이 같은 비율로 일어나면 문제가 있다고 봐야 하고 1 대 3 정도면 정상적, 1 대 4면 아주 이상적이라고 합니다. 삶은 과학도 통계도 아니기에 비율을 그대로 적용하는 건 무리가 있지만 대충 가이드라인으로 잡아볼 수는 있겠다 싶습니다. 예를 들어 아이에게 **한 번** 크게 화냈다 해도 이후 **세 번** 정도 긍정적인 대화와 일을 만들면 크게 문제 없이 잘 굴러간다는 뜻입니다. 이것을 '오! 그동안 세 번 잘해주었으니 오늘은 야단 한 번 제대로 쳐도 되겠군' 이렇게 악용하는 분은 없겠지요. 핵심은 한 번 크게 화냈다면 당분간은 반드시 평화롭게 지내야 한다는 것입니다.

독일의 유명한 과학 칼럼니스트 슈테판 클라인은 《우리는 모두 불멸할 수 있는 존재입니다》에서, 인간이 물고기일 때나 유용한 척추를 아직 갖고 있다든지, 골반이 너무 넓으면 직립 보행에 지장이 생겨 좁은 골반을 갖게 되었지만 여성의 경우 아기의 머리에 비해 너무 좁은 골반으로 인해 힘들게 출산하게 되었다든지 등의 예를 듭니다. 그러면서 최선이 아니라 단점이 가장 적은 해결책이 진화 과정에서 결국 채택되었다고 주장하지요. 육아에도 해당되는 말이라고 생각합니다. 부모나 아이 모두 완벽한 환경이나 해결을 원하지만, 실제로는 어떻게 해결하면 좋을지에 대한 방향성일 뿐 단점이 가장 적은 방안을 취해야 할 때가 더 많습니다. 완벽주의적 경향이 있는 부모라면 더욱 새겨볼 만한 내용이라고 생각합니다. 노력은 최선을 다하되, 최선의 결과보다는 차선, 나아가 단점이 그나마 적은 방안도 만족스럽게 수용합시다. 그리고 남은 시간은 우리도 좀 쉬어야지요!

회심부모들이 찾은 오아시스

3부 머리글에서 숨 쉬고 먹고 자는 것조차 힘들고 외로워 마치 사막에 있는 것 같았다는 부모들이 '이제 해결되려나 보다' 하면 얼마 못 가 신기루였음을 깨달은 적이 한두 번이 아니었다는 이야기를 했지요. 하지만 마침내 사막에서 꽃을 보게 되었다는 이야기도 했고요. 그렇다면 부모가 '아이의 꽃'을 피울 수 있는 오아시스를 찾았다는 뜻인데, 그들이 찾은 오아시스는 무엇이었을까요? 부모님 네 분의 사례를 통해 이야기해보려 합니다.

이분들의 공통점은 부모님만 제게 상담받으러 오셨다는 것입니다. 아이는 이미 다른 데서 상담을 받고 있었거나 거부하거나 받을 상황이 못 되었습니다. 물론 아이가 상담받을 때 부모도 같이 상담하지만 좀 더 빨리 답답함을 해소하고 싶다며 오신 분들이었지요. 이분들의 사례를 뽑은 것은 제가 아이들에게 직접 개입하지 않고 부모의 변화를 통한 원격 개입만으로도 아이가 회복되었음을 보여주기 위해서입니다. 하지만 아이를 직접 상담하고 치료한 선생님들의 노고가 있었기에 가능한 일이었다는 것은 굳이 말할 필요가 없겠지요.

이 중 두 분(별이 어머님, 명우 어머님)의 사례는 제 전작《하루 3시간 엄마 냄새》에서도 소개했습니다. 그로부터 어언 10년이 되어갑니다. 그 책에서 이분들의 사례를 소개할 때도 이미 '회심'했지만 10년이 지난 지금도 아이들은 단 한 번도 예전으로 돌아가지 않고 자신의 삶을 아름답게 펼쳐왔습니다. 잠시 멈춘 적은 있지만 보통 젊은이라면 누구라도 겪는 정도였지요. 정말 다행이고 감사하지만 어떻게 보면 또 당연한 일이기도 합니다. 부모의 회심의 힘이 원체 강력하니까요.

사례의 부모님들이 온전한 회심에 이르기까지 보통은 1개월, 길게는 3개월 정도 걸렸는데 그사이에 가끔 아이에게 험한 말을 하거나 냉랭한 태도를 보이기도 했지만 이후에는 결코 예전 잘못을 되풀이하지 않았습니다. 단 한 번도 손찌검하지 않았고 빈정대거나 모욕하지 않았으며 신세를 한탄하지 않았고 실망스럽다는 표정을 짓지 않았습니다. 아이가 배고프지 않게, 외롭지 않게 살피고 상처받고 오면 위로하고 같이 해결책을 찾아주면서 꾸준히 앞만 보고 걸었습니다. 사람들이 위로해주면 씽긋 웃고 험담하면 귀를 닫으며 작은 일에 일희일비하지 않았습니다. 자신이 찾은 오아시스에 머물며 오로지 아이의 안전에만 신경 썼고 아이가 부모의 사랑을 다시 알게 되기, 그것 하나만 원했습니다. 이분들이 사막을 헤매다 찾아내 머물렀던 오아시스를 이들의 '말'을 빌려 소개합니다. 사례에 등장하는 모든 아이의 이름은 가명입니다.

"내가 얼마나 큰 것을 갖고 있었는지 비로소 알게 되었습니다" _영민이 아버님 이야기

1부에서 게임에만 열중하는 중학생 아들과의 갈등 때문에 상담하러 온 법무사 아버님의 이야기를 들려드렸는데요. 이분이 바로 영민이 아버님입니다. 이분의 회심 과정은 한 편의 드라마 같았습니다. 아들이 처음 가출한 후 돌아왔을 때는 뺨을 때리고 억지로 무릎을 꿇리고 휴대폰을 정지시키거나 용돈을 끊어보기도 했습니다. 하지만 그럴수록 가출하는 일수만 늘어나고 휴대폰이 안 되면 그나마 아이를 찾지도 못하며 용돈을 끊으면 더 나쁜 길로 빠질까 봐 울며 겨자 먹기로 양보할 수밖에 없었고 그런 자신의 모습에 또 화가 나서 어쩔 줄 몰라 하셨지요. 우여곡절 끝에 상담실에 오신 날, 우리는 아이가 왜 그런 행동을 하는지, 그리고 '회심'과 '안전지대'가 왜 필요한지 아주 오래 이야기했습니다.

아버님의 회심은 이런 이야기로 시작되었습니다. "사실 제가 회사에서는 엄청 스트레스를 받았지만 집에서만큼은 참 평화로웠거든요. 아무리 늦게 퇴근해도 아들이 현관 앞까지 달려나와 맞이해주고 술이라도 먹고 온 날에는 양말도 벗겨주고 수건으로 얼굴도 닦아주고, 참 여느 딸 부럽지 않은 싹싹한 아이였어요. 그런데 지금은 그 평화가 박살 났습니다. 제 욕심 때문에요. 밖에서야 어차피 전쟁을 치르더라도 집에서만이라도 마음 편히 지낸다면 그게 정말 엄청 큰 거잖아요. 아니, 그게 다잖아요. 원장님 말씀처럼 우리 집이야말로 '안전지대'였는데 제가 제 손으로 허물어버렸네요. 제가 허물었으니 제가 다시 세워야지요. 예전으로 100퍼센트 돌아갈 수는 없겠지요? 그게 제일 두려워요. 하지만 더 나빠지기 전에 제가 할 일을 제대로 해보겠습니다. 제가 갖고 있었던 것, 집안에서의 평화는 무슨 일이 있어도 지켜보겠습니다."

그렇게 마음먹은 아버님은 일사천리로 해결을 시도했습니다. 다음 날부터 아들이 있을 만한 곳을 물어물어 찾아다녀 이윽고 아이를 발견했고, 친구들과 어울려 있다가 아버지를 본 아들이 욕을 뱉으며 도망치려는 찰나 "미안해, 내가 잘못했어"라고 소리쳤다고 합니다. 그 순간에는 주변 사람이 하나도 보이지 않았다고 하네요. 도망치던 아들이 "뭘 잘못했는데?" 물었을 때 아버님은 '간 보지 말고, 그냥 다 미안하다고 뭉뚱그리지 말고 구체적으로 사과하라'는 제 조언에 따라 그동안 수도 없이 연습했던 말을 쏟아냈습니다. "내 욕심에 네게 공부하라고 강요해서 미안해. 네가 속상해서 집을 나간 건데 네 마음도 모르고 뺨 때려서 미안해. 휴대폰 정지시키고 압수해서 친구들과 연락 못하게 해서 미안해. 용돈 끊어서 배고프고 춥게 해서 미안해. 외롭게 해서 미안해. 화나게 해서 미안해. 불안하게 해서 미안해. 다 미안해." 잠시 듣고 있던 아들이 "에이, 쪽팔려!" 하면서 또 도망치려 할 때 아버님은 결사적으로 외쳤다는군요. "집에서 따뜻한 밥 먹고 다니자. 다시 나가더라도, 새벽에 들어와도 좋으니 집에 와서 편하게 자자."

그날 밤늦게 아들이 마침내 귀가했고 아버님은 다시 한번 사과한 후 덧붙였습니다. "네가 고등학교 졸업할 때까지 그 어떤 결과도 요구하지도, 바라지도 않을 거야. 공부하고 싶으면 하고, 하기 싫으면 말아. 그냥 학교만 잘 다니자. 고등학교 졸업한 후에도 아빠를 보기 싫으면 독립할 수 있도록 도와줄게. 네가 공부하고 싶다면 도와줄 거고 다른 일을 하고 싶다면 그것도 도와줄게. 천천히 생각해서 말해줘. 그때까지는 밥 잘 먹고 편하게 지내자." 이 말을 한 것은 작심노트를 작성할 때 제가 제안한 것 중 가장 마음에 와닿고 지금 자신의 상황에 제일 적합한 말이라고 판단했기 때문이라고 합니다. 물론 아버님이 이 말을 지키긴 했지만 그동안 작심노트를 들여다보며 마음을 다스린 적이 한두 번이 아니었지요.

이렇게 아들의 가출은 끝났지만, 당연히 예전의 분위기로 돌아갈 수는 없었습니다. 아들은 심리 상담은 무조건 거부했고 말도 안 하며 냉랭했고 몇 번의 고비도 더 있었습니다. 한번은 교사로부터 '와보셔야겠다'는 연락을 받고 갔더니 아들이 선봉이 되어 '아버지를 골탕 먹이는 법' 리스트를 만들어 카톡으로 돌렸다는 것이었습니다. 친구네 부모가 우연히 목격해서 출처를 추적해 담임 선생님에게 항의했다고요. 담임 선생님은 이번 일 자체보다는 영민이가 예전에 비해 180도 변했고 아버지를 콕 짚어 골탕 먹이려 하는 게 마음에 걸려 오시라고 했다면서 그 '리스트'를 보여주었는데, 참 대단하다 싶은 항목이 많았답니다. 그런데 그날 아버님은 리스트를 읽으면서 이상하게도 화가 나거나 속상하기는커녕 오히려 너무 웃음이 나서 담임 선생님 보기가 민망했다고 합니다. 귀가하니 친구들 사이에 벌써 소문이 퍼졌을 텐데 아들은 시치미를 떼고 밥만 먹고 있었다네요. 아버님은 식탁에 앉아 다짜고짜 이렇게 말문을 열었다고 합니다. "아들, 네가 그렇게 창의적인 사람인 줄 몰랐네. 도대체 어디서 그런 방법을 생각한 거야? 천재 아니야? 그중 하나만 해도 아빠는 폭망했겠더라. 네가 이렇게 창의적인 사람인데 의사로 만들려고 하다니, 아빠가 완전 바보였네. 의사는 치료하지 새로 무얼 만드는 사람이 아니잖아. 네가 커서 어떤 일을 하게 될지 정말 기대가 된다."

그러고는 자신이 회사에서 겪는 스트레스와 상사가 어떤 사람인지 말한 후 상사를 골탕 먹이는 방법을 좀 알려달라고 했답니다. 아들과 대화나 하려고 말해본 것인데 다음 날 아들이 카톡으로 스무 개의 방법을 적어 보냈다네요. 그걸 낄낄대고 읽다가 생각이 좀 바뀌어 그중에서 별로 위험해 보이지 않는 방법을 하나 골라 실제로 상사를 골탕 먹였는데 덕분에 아버님 기분이 잠시나마 풀렸고, 생각지도 못하게 오히려 전화위복이 되어 업무 환경이 개선되었다고 합니다. 아버님은 아들에게 그 사실을 알렸고요. 며칠 후 아들이 마침내 '먼저' 입을 뗐다네요. "아빠가 회사에서 그런 개쓰레기 같은 사람 밑에서 참고 일하는 줄 몰랐어."

영민이 아버님의 회심 이야기는 여기서 마치려고 합니다. 영민이는 이후 서서히 공부를 다시 시작했고 재수해서 지금은 IT 계열 취업을 준비하고 있습니다. 경험을 쌓은 후 최종적으로 하고 싶은 일은 '메타 마음 해결사'라는 것으로 아직 자세한 내용까지 잡힌 건 아니지만, 친구들과 '갑질 하는 상사가 있는 직장에서 즐겁게 지내는 법'을 비롯해 수많은 상황에서의 해결 방법을 열심히 구상 중이라고 합니다. "설마 골탕 먹이고 그러는 건 아니지?" 했더니 "에이, 우릴 뭘로 보고. 그땐 내가 철이 없었을 때지. 요즘 그런 짓 하면 매장당해요. 지금은 상생, 공조, 협력, 윤리, 그런 게 중요한 시대라고요" 하면서 블록체인, NFT 어쩌고 하며 수입도 쏠쏠할 거라고 장담하는 아들 때문에 아버님은 이번에도 웃고 말았답니다. 정말로 그 일을 할지, 성숙해지면서 다른 일을 할지는 모르겠지만 어쨌거나 아빠의 힘듦을 이해하는 애정을 보여주는 것이라고 해석한다면서, 예전으로 100퍼센트 돌아가지는 않았지만 '내가 갖고 있었던 큰 것'을 지켰으니 충분히 만족하고 행복하다고 말씀하셨습니다.

그동안의 노력과 부성父性, 헌신이 실로 대단하다고 하자 아버님은 "저는 냉정한 사람입니다. 비즈니스 마인드로 똘똘 뭉친 사람이에요. 그저 무엇이 이득일지 생각했습니다. 여기서 공멸할 건지, 한 사람이라도 살 건지 생각했을 때 그 한 사람이 저든 아이든 일단은 원점으로 돌려야 했습니다. 그래서 노력한 것뿐이지 부성, 그런 말은 들을 자격도 없습니다. 부성애가 있었다면 애당초 아이 뺨을 때리지도 않았겠지요. 어쨌든 결과는 둘 다, 아니 애 엄마까지 셋이 살아났으니 노력이 헛되지는 않았다, 신이 나를 도와주셨구나, 이렇게 생각합니다"라고 하시더군요. 저는 마지막으로 이렇게 말씀드렸습니다. "아들과 사이가 멀어졌던 것이 100퍼센트 아버님 때문이라고 생각하지는 마세요. 그런 일이 없었어도 사춘기 때는 잠시 멀어지기도 하니까요. 사과했고 회심하셨으니 충분합니다. 재미있게 사시고 어렵게 찾은 평화를 잘 간직하시기 바랍니다."

"내가 누린 것조차 못 누릴 아이가 가여웠습니다" _명우 어머님 이야기

명우는 중학교 2학년이 될 때까지는 표면적으로 아무 문제 없어 보였습니다. 공부를 잘해 특목고 진학을 목표로 성실하게 준비하고 있어 부모가 딱히 걱정할 일도 없었지요. 그런데 집안 살림을 도맡아 하며 손주들을 살뜰하게 살피던 할머니가 병으로 쓰러져 요양원에 가시고 동생도 조기 유학을 간 뒤로 명우가 늘 혼자 저녁을 먹게 되면서 부쩍 외로움을 호소하고 공부도 예전만큼 열심히 하지 않았습니다. 명우 어머님은 친정어머니 살피랴, 회사 임원으로서 중책을 다하랴 여유가 없어 아이의 호소에 진지하게 관심을 기울이지 못했습니다. 언젠가부터 아이가 집에 친구들을 데려와 라면을 끓여먹네 하면서 주방을 난장판으로 만들기 시작했고, 이웃은 "그 집 창문 밖에 담배꽁초가 떨어져 있다", "밤마다 음악 소리가 너무 커서 괴롭다" 등의 불평을 했습니다. 야단쳐도 듣지 않고 성적은 하위권으로 떨어진 아이에게 아버지는 처음으로 주먹을 날렸습니다. 반항심이 더 커진 아이는 친구들이 오토바이를 훔치는 동안 망을 봐주다가 경찰서에 불려갔고, 이 일이 학교에 알려지자 등교를 거부했습니다. 아이는 학교 상담실에서 상담을 시도했지만 거부했고 심리검사에서 자살 시도와 관련된 문항에 체크한 것을 계기로 정신과에서 약을 처방받았지만 한두 번 먹고는 쓰레기통에 버렸습니다.

상담실에 오신 날 명우 어머님은 눈물범벅이었고 심한 긴장성 두통 때문에 중간중간 말을 잇지 못했습니다. "도대체 우리가 무얼 잘못했나요? 해달라는 대로 다 해주고 사달라는 거 다 사주면서 아낌없이 지원했는데 어떻게 이렇게 배신하나요? 우리 같은 부모에게서도 아이가 이렇게 망가진다면 진짜 잘못 키우는 부모들은 어떻게 해야 하나요? 아빠가 이번에 화가 나서 아이를 때리긴 했지만 정말 그동안 한 번도 때린 적도, 욕을 한 적도 없다고요." 어머님의 흐느낌이 한동안 이어졌습니다.

저는 "명우 어렸을 때 이야기를 들어보니 엄마보다는 할머니에게 애착이 되었던 것 같습니다. 그 소중한 대상이 어느 날 없어지자 아이가 굉장히 외로움을 느꼈던 것 같아요. 처음에는 어머님께 호소도 해보았지만 별로 관심을 기울이지 않으니 자기 혼자서라도 외로움을 털어보려다 이런저런 일에 연루되기 시작했고, 그에 대해 부모님이 이해해주기는커녕 오히려 역정을 내니 마침내 폭발한 것 같습니다. 아이들이 말을 안 해서 그렇지, 집에 들어왔을 때 사람의 온기, 부모의 온기가 없으면 근본적인 불안을 느끼는 아이들이 있습니다"라고 말씀드렸습니다.

어머님은 "할머니를 더 따랐던 건 맞아요. 그렇다고 초등학생도 아니고 중학교 2학년씩이나 되어서 그렇게 외로워한다는 게 말이 되나요? 한 살 아래 여동생은 캐나다에 가서도 잘만 지내요. 그런데 오빠가 되어서, 그것도 한국에 있으면서 뭐가 그렇게 힘들까요? 지나친 자기연민 아닌가요? 그렇게 유약해서 이 험한 세상을 어떻게 살아나가겠어요?"라면서 여전히 답답해했습니다.

제가 "그럼 거꾸로 질문해볼게요. 연년생이면 같이 조기 유학을 보내면 더 좋았을 텐데 왜 여동생만 보내셨나요?"라고 묻자 어머님은 이렇게 답했습니다. "아이들이 초등학생 때 캐나다에 잠시 간 적이 있는데 딸아이는 너무 잘 적응했지만 명우는 그러지 못했어요. 이번에도 같이 보내려 했지만 죽어도 가기 싫다고 해서 그렇게 된 거예요." 이에 저는 "네, 아이들은 다 기질이 달라요. 명우는 예민하고 감수성이 높은 아이입니다. 나이 한 살 더 많다고 감정적인 부분까지 여무는 건 아니에요. 감정은 머리 좋은 것과도 관련이 없어요. 그게 명우 모습이에요. 명우가 장남이다 보니 동생보다 당연히 강할 거라고 생각하시지만 중학교 2학년이면 아직 애입니다. 명우 문제가 해결되기를 바라신다면 부모님이 명우를 무조건 수용하는 것에서부터 시작해야 해요"라고 안내했습니다.

그날 어머님은 가타부타 말이 없었지만 얼마 지나지 않아 직장에 사직서를 냈습니다. 이를 악물고 지켜온 19년의 직장 생활을 하루아침에 접은 것입니다. 아이가 더 망가지는 것을 볼 수 없기도 했고 두통이 지속되어 일에 집중하기도 힘들었습니다. 하지만 이후 세 달 정도는 모자의 갈등이 더 심해졌고 "차라리 나가 죽어라"라는 험한 말도 아이에게 내뱉었지요. 명우 어머님의 회심 계기는 비슷한 상황에 놓인 지인의 아들이 너무도 어처구니없는 문제 행동을 했다는 말을 들은 후였습니다. 그런 일이 자신에게도 얼마든지 일어날 수 있겠구나 하는 생각이 들자 정신이 번쩍 들었고, '얘는 아직 저 정도까지는 아니다'라고 감사하게 되면서 비로소 사태를 해결할 의지를 갖게 되었습니다.

어머님의 회심 이야기입니다. "저는 집안이 가난했어요. 하지만 죽기 살기로 공부해서 대학을 잘 갔고 취직도 잘했고 부유한 집의 남편을 만나 지금은 경제적으로 안정되었지요. 남편도 자상하고 아이들도 공부 잘하고 친정엄마도 늘 도와주시니 걱정 없이 제 일에만 몰두할 수 있었고 승승장구해왔어요. 그럼에도 알 수 없는 결핍감이 있어서 항상 더 높은 곳을 바라보며 살아왔는데, 이제 얘를 보니 제가 결핍감을 느끼며 경험했던 것조차 아예 경험도 못할 것 같은 거예요. 출석 일수가 모자라 중학교나 졸업할지도 모르겠고 대학은커녕 고등학교도 못 갈 것 같은데 이렇게 가여운 애가 어디 있겠나 싶더군요. 부모가 두 눈 뜨고 이렇게 살아 있는데 부모로서 이건 절대로 못할 짓이라는 생각이 들었어요. 자식은 부모보다 나은 삶을 살아야 하잖아요. 더 빛나고 훨훨 날아야 하잖아요. 그게 순리잖아요. 내 결핍감 채우느라 외형적인 것만 챙기다가 정작 아이의 결핍감은 보지 못했네요."

그렇게 어머님은 아이의 마음을 얻기 위해 노력하기 시작했습니다. 아이가 눈도 마주치지 않으려 했지만 진심으로 사과했고 먹든 안 먹든 아침저녁을 꼬박꼬박 차려냈고 쳐다보든 말든 귀가 시간에 맞춰 간식을 마련해놓았고 현관문이 열리면 대꾸하든 말든 "어서 와, 아들. 고생했네"라고 말을 건넸습니다. 아이 방을 늘 깨끗하게 치워놓았고 집에 들어올 즈음이면 거실에 아로마 향초를 밝혀 온기를 느낄 수 있도록 했습니다. 그러기를 3개월, 같이 아침밥을 먹는 정도까지는 명우의 마음이 열렸습니다. 저는 어머님께 명우와 함께 할머님을 자주 찾아뵈시라고 조언했습니다. 어머님도 매일 일 나가지 않고 명우도 예전만큼 공부하지 않았기에 가능한 방법이었는데, 이게 상당히 효과가 좋아 명우는 한 시간 내내 할머니 손을 잡고 있다가 오기도 했으며, 그렇게 돌아온 날에는 한결 온순해지고 눈길도 부드러워졌다고 합니다. 비록 자주 몽니를 부렸지만 엄마가 다 받아주자 결국에는 평상시 모습을 거의 회복했습니다.

다만, 명우는 중학교 3학년 때 학교를 자퇴했습니다. 중학교 2학년 때부터 특목고에 간다고 소문이 났는데 친구들이 경찰서에 갔다 왔다, 성적도 바닥이다, 이젠 개털이다 등의 이야기를 쑥덕대니 자존심 센 아이가 견뎌낼 수 없었고 이는 부모와의 관계와는 또 다른 문제였습니다. 하지만 회심한 어머님에게는 문제가 아니었지요. 아들의 뜻을 존중해 자퇴하도록 했고 검정고시를 보도록 지원했으며 전문대 인테리어학과에 가고 싶다고 해서 성심으로 밀어주었습니다. 부모가 마음을 열고 나서야 아이가 정말 하고 싶었던 일이 건축 인테리어 쪽이라는 걸 알게 되었다고 하네요. 지금 명우는 군대에서 만난 인테리어 전문가와 인연을 이어가며 청년 사업을 막 시작했고 아주 신나게 일하고 있다 합니다. 선임을 너무 추종하는 것 같아 노파심에 "그 선배라는 사람 어디가 그렇게 좋아?"라고 물었더니, 둘 다 '마음이 따뜻해지는 공간'을 중시하며 의견 일치가 잘된다고 해서 '으이그 참' 하며 뒤돌아 웃었다고 합니다.

명우 어머님은 지금은 프리랜서로 직무 능력 증진 강사 일을 하고 있습니다. 아주 잘될 때는 예전 월급보다 더 많이 벌기도 했는데 코로나19 사태 후 일감이 확 줄어 무력하기도 하지만 운동과 독서로 달래며 최대한 인생을 즐기려 노력하신다고 합니다. 무엇보다 끊임없이 성과를 요구하는 회사에서 언젠가는 명퇴할 수밖에 없었을 텐데 명우 덕분에 일찌감치 인생 후반부를 준비할 수 있었다고, 그 점은 참 고맙다며 웃으셨습니다.

어머님이 명우와의 관계를 회복하기 위해 노력하던 중 자신이 무뚝뚝한 성격이라 아이에게 감정을 표현하는 것이 어색해서 힘들다고 하신 적이 있습니다. 저는 억지로 하지 말고 일관되게 아이를 대하는 데 더 신경을 쓰시라고 했습니다. 제때 밥 차려주고 정시에 귀가하고 언성 높이지 않고 늘 차분하게 말하면 감수성이 예민한 아이는 그것만으로도 크게 안정되니까요. 어차피 14년 동안 엄마 사랑을 잘 못 느끼고 자랐는데 갑자기 변해도 크게 달가워하지 않을 것이며 하필이면 또 사춘기라서 엄마와 더 거리를 둘 거라고, 고등학교를 졸업한 후에 부모에게 도움받을 일이 생길 때쯤 반드시 거리가 좁혀질 테니 서두르지 마시라고 했습니다.

사실 명우 어머님 같은 부모님이 많지요. 온화하고 부드러운 부모면 가장 좋겠지만 그런 성격이 못 된다면 아이를 일관되게라도 대해주세요. 앞에서도 말했듯 나쁜 것을 주지 않는 게 가장 중요하고요. '일관성'은 사람을 안정시킵니다. 그렇게 안정되면 따뜻함은 다른 데서, 혹은 스스로 찾을 수도 있으니까요. 명우의 경우에는 그 '따뜻함'을 아예 직업적 목표로 삼아 자신의 내부에서 퍼올리고 있지요. 이렇게 한 명의 아름다운 청년으로 자녀를 키워낸 부모님의 회심 이야기입니다.

"더 나빠질 수도 있었는데 천만다행입니다"
_예지 어머님 이야기

예지 어머님을 처음 만난 건 2010년 말이었습니다. 문화예술 강사로 오래 근무하다가 육아를 위해 잠시 쉬고 있었고, 양가 모두 대대로 학자 집안으로 남편도 교수였습니다. 이런 집안에 어머님의 표현을 빌리면 '청천벽력' 같은 일이 벌어졌으니, 하나밖에 없는 늦둥이 딸아이가 내년에 초등학교에 들어가야 하는데 말이 늦고 글을 못 읽으며 사람과 소통을 못하고 눈도 마주치지 않으려 한다는 것이었습니다. 더욱 큰 문제는 아이가 소리에 과민하게 반응해서 집 밖으로 나가길 무서워하고 동네 개가 짖거나 위층에서 발소리만 나도 기겁하고 숨어버린다는 것이었지요. 유치원을 첫해까지는 잘 다녔는데 갑자기 이런 증상을 보인 후로는 유치원에도 못 보냈다고 합니다.

그동안 병원에서 무수히 진료받았고 청력장애, 언어장애, 반응성 애착장애, 자폐증, 지적장애, 난독증 등 다양한 장애의 가능성이 제기되었으나 언어장애와 난독증을 제외하고는 증상이 특정 장애 기준과 딱 맞지 않아 정확한 진단을 받지 못했다고 합니다. 다양한 장애가 의심될 때마다 청력검사, 지능검사, 언어발달검사 등 수많은 검사를 받았고 밥을 못 먹고 구토 증상까지 보이자 뇌 문제인가 싶어 뇌파를 검사하고 MRI까지 찍었습니다. 하지만 아주 미세한 징후 외에는 특정特定할 정도의 이상 소견은 없는 것으로 나와 답답함이 해소되지 못하기는 마찬가지였다고 합니다. 그러고 나서도 광과민성 증후군을 비롯해 이것저것 원인을 밝혀보려는 시도가 꽤 오래 계속되었습니다. 어머님은 다독가로서 관련 전문서를 탐독하며 아동 발달에 대한 기본적인 지식을 갖추고 있어 "난독증이라면 자폐증으로 보이는 행동은 왜 나타나는 걸까. 병원에서 놓치고 있는 점이 있는 건 아닐까" 등 십여 개의 궁금한 점을 적어와 하나씩 질문했지만 목소리와 손이 떨릴 정도로 심하게 불안한 모습이었습니다.

저는 질문에 대한 답은 좀 있다 찾아보자고 하고 현재 무엇이 가장 두렵고 힘드시냐 물었습니다. 난독증이라는 것도 무섭고 진단이 명확하게 내려지지 않은 것도 무섭다고 하시더군요. 더 자세히 말해달라고 하자 갑자기 눈을 크게 뜨고 흥분한 목소리로 이렇게 말했습니다. "난독증이라뇨! 우리 집안에서 어떻게 그런 일이…. 양가 어디에도 그런 사람은 없었단 말이에요. 그럼 유전은 아니라는 말이잖아요. 그렇다면 외부에서 무슨 바이러스가 침범했다든지 해서 뇌에 문제가 생긴 건 아닐까요? 바이러스 문제가 아니라고 해도 한국에서 난독증으로 어떻게 살아요? 글도 못 읽는데 학교는 어떻게 다니고, 친구들로부터 얼마나 놀림받겠어요? 그래요, 큰맘 먹고 난독증은 제가 받아들일 수 있어요. 그런데 다른 이상한 증상은 또 뭘까요? 진단을 받아야 약을 먹든 수술하든 방법을 찾을 거 아니에요? 나더러 도대체 어쩌라는 건지, 내가 할 수 있는 일이 없단 말이에요."

얼마나 혼란스럽고 불안했을까요. 저는 어머님의 마음을 공감해주면서 흥분이 가라앉기를 기다렸습니다. 그러고 나서 많이 힘들겠지만 완벽주의적이고 강박적이며 건강염려증도 있어 더 불안한 것 같은데 알고 계시지 않냐고 했더니 본인도 안다고 하면서 이 때문에 남편과 이혼 직전까지 가서 정신과 치료도 두어 번 받았지만 큰 효과는 없었다고 했습니다. 아이를 직접 볼 수 없으니 일주일 동안 일상에서 자연스러운 아이의 모습을 영상으로 찍어서 다시 오시라고 하고 그날 상담은 마쳤습니다.

다음 상담에서 저는 어머님과 같이 영상을 보며 이야기를 나눴습니다. "아이를 직접 보지 않고 말하자니 정확하지 않을 수 있고 제가 진단에 혼란을 더할까 봐 조심스럽지만, 아이가 집 안에서 잘 놀고 표정이 밝으며 할머니와 눈 맞춤도 잘하고 웃는 걸 보면 자폐증은 아니라고 생각합니다. 말은 한 마디도 안 하고 있지만 인형으로 소꿉놀이를 체계적으로 하는 걸 봐서 지적장애는 당연히 아니겠고요"라고 말했더니 어머님 얼굴이 확 밝아졌습니다. 그게 가장 두려웠다고 했습니다. 저는 이어서 급한 것부터 하나씩 짚어보자고 했습니다.

"그렇다면 왜 아이가 자폐증을 의심할 만한 증상을 보였는지 궁금하시겠지요. 유치원을 첫해까지는 잘 다녔던 것도 자폐증을 제외할 수 있는 증거니까요. 그런데 말이 늦은 아이가 유치원에서 친구들에게 놀림받거나 교사의 지시를 제대로 이행하지 못해 당황했을 가능성이 있어요. 예민하고 자존심이 센 아이는 그런 시선을 견디지 못하고, 그러면 유치원에 가기 싫어할 수 있습니다. 자신이 이해하지 못하는 상황에 계속 놓이는 두려움도 아주 컸겠지요. 그 무렵부터 아이를 엄청나게 자주 병원에 데려가서 각종 검사를 받게 했고요. 심지어 MRI까지요. 아이가 병원 특유의 소리, 기계 소리, 피를 뽑고 청진기를 대는 사람에게 급작스럽게 노출되면서 놀랐을 가능성이 있어요. 그때부터 소리에 예민해지고, 그렇다 보니 집 밖으로 나가는 걸 싫어하게 되었을 수 있어요. 혹시라도 큰 문제가 있을까 봐 검사받았던 것이니 그 자체가 잘못이라는 건 절대 아닙니다. 하지만 한꺼번에 너무 많은 검사를 받았고, 더 중요한 건 병원에 가거나 검사받기 전후로 어머님이 아이에게 잘 설명하고 놀라지 않게 돌봐주셨는가 하는 점이에요. 마지막으로 어머님 본인이 불안해하니 그 눈빛을 본 아이가 스트레스를 받아 밥도 못 먹고 구토했을 수 있어요. 당시 어머님이 또 얼마나 아이를 앉혀놓고 '완벽하게' 한글을 학습시켰을지 짐작되는데 당연히 좋은 표정으로 할 수 없었겠지요. 직접 아이를 보지 못하고 심리검사나 발달검사도 할 수 없으니 다 가정으로 말씀드려본 겁니다. 어머님은 이 가정 중에 맞다고 생각하시는 게 있나요?"

어머님은 두 손에 얼굴을 묻고 흐느꼈습니다. 그리고 다 맞는 것 같다고 했습니다. 자신이 아이 힘든 건 들여다보지 못하고 자기 불안에만 갇혀 있었다고요. 저는 "아이가 문제가 있더라도 어머님이 사랑하고 보호하는 태도를 보이면 2차, 3차 문제는 막을 수 있습니다. 어쩌면 1차 문제, 즉 언어장애와 난독증은 갖고 가야겠지요. 1차 문제를 해결하기에도 갈 길이 먼데 2차, 3차 문제까지 발생하면 안 되잖아요. 어머니의 눈빛과 목소리가 변하고 태도에 여유가 생기면 아이가 좀 더 자주 다가올 테고, 그렇게 '안전하다'는 느낌을 갖게 되면 한 걸음씩 다른 사람에게도 다가갈 수 있을 거예요. 언어 치료와 놀이 치료도 시급한데 제대로 치료받기 위해서라도 가장 급한 건 아이가 불안 없이 사람들과 접촉할 수 있어야 합니다. 어머님이 변해서 아이에게도 긍정적인 변화가 일어난다면 비로소 그다음 단계로 넘어갈 수 있겠지요. 제 가정이 맞는지 어머님이 직접 확인해보고 알려주세요. 내년에 학교 못

가면 후년에 가면 되지요. 누가 잡아가겠습니까? 학교가 중요한 게 아니라 정서적으로 먼저 안정되는 게 가장 중요하니까요. 어머님이 할 일이 없다고 하셨는데 분명히 있습니다. 정확한 병명을 알기 전에 일단 아이를 품어주고 안전감을 느끼게 하는 겁니다."

한 달 후 어머님이 오셔서 "원장님 가정이 맞았던 것 같아요"라며 말문을 여셨습니다. 그동안 강요해왔던 말하기, 글 읽기를 일절 중지하고 그냥 아이하고 하루 종일 놀고 먹기만 했다고 합니다. 소꿉놀이하고 밀가루로 바닥에 그림 그리고 빵도 만들고 색종이 오리기도 하면서요. 엄마와 아이가 무언의 소꿉놀이를 하는 걸 본 남편이 "둘이 무성영화 찍냐"며 웃기도 했지만 그렇게 웃는 남편의 모습을 본 것도 오랜만이었답니다. 아이가 자신을 보며 '확실하게' 웃게 되자 아이에게 자연스럽게 자전거 타러 나가자고 유도하는 데 성공했고, 자기 품에 안겨 아파트 경비원에게 손 인사를 할 정도는 되었다고 합니다. 물론 자전거를 타다가도 사람이 오거나 무슨 소리가 들리면 눈을 똥그랗게 뜨고 얼른 엄마에게 안아달라고 해서 아직 갈 길이 멀긴 하지만 그래도 큰 걸음은 뗐다고 했습니다.

이윽고 회심 이야기를 풀어놓으셨습니다. 모든 회심부모가 그러하듯, 이때는 부모님만 말씀하시고 저는 그저 고개를 끄덕이며 듣기만 하지요. "첫 상담 때 우리 집안에 어떻게 난독증이 생길 수 있냐고 말했던 게 너무 부끄러워요. 너무 졸렬하고 멍청하기 짝이 없는, 미성숙하고 극단적인 이분법적 사고나 하는 수준 이하의 사람이라는 게 다 들통나버렸네요. 어느 부모가 일부러 바라겠어요. 난독증? 생길 수 있는 일이잖아요. 살다 보니 일어나는 일인 걸 내게는 절대로 일어나면 안 되는 양 그 난리를 치고…. 이보다 더 안 좋아질 수도 있었잖아요. 난독증 외에도 더 많은 증상이 있을 수도 있었잖아요. 지금도 이렇게 할 수 있는 일이 많은데 아이보다 더 절망하고 아무것도 안 하고 있었잖아요. 저는 허세에, 욕심에, 강박에, 건강염려증에, 배려 없음까지 온갖 결점을 갖고 있는데 우리 아이는 고작 난독증 하나 있는 것 가지고 그렇게 문제시했네요."

그날 2차 영상을 보며 아이가 소리가 들려도 그냥 넘어갈 때와 예민하게 반응할 때가 있음을 찾아냈고, 그냥 넘어갈 때와 유사한 상황에 자주 노출해서 소리에 차츰 둔감해질 수 있도록 시도해보라고 했습니다. 성공하면 "이제 어떤 일을 할 건데(이제 어디로 나갈 건데) 소리가 들릴 수 있지만 절대로 위험한 게 아니고 엄마가 옆에 있어"라고 안심시켜주면서 상황을 넓혀보라고 안내했습니다. 예지는 3개월 정도 후 놀이 치료를 시작했고 또 몇 개월 후 언어 치료를 시작했습니다. 제가 "이제 본격적으로 시작이네요. 천천히 가보시죠"라고 하자 "네! 이제 아무것도 두렵지 않습니다. 시간이 걸리겠지만 하루하루 즐기면서 가보려 합니다"라고 하시더군요.

3년 후 어머님이 소식을 전해주셨는데, 자신의 말을 잘 지키고 있음을 알 수 있었습니다. 예지는 학교에 보내지 않고 홈스쿨링을 하고 있으며 언어 치료로 말하기 능력은 좋아졌지만 난독증은 아직 변화가 없다고 합니다. 치료받고 운동하고 노는 시간을 제외하고는 아이가 그림 보는 걸 좋아해 대부분 그림책이긴 하지만 둘이서 책을 많이 본다고 했습니다. 엄마가 옆에서 읽으면 가만히 듣고 있다가 가끔씩 단어를 따라하지만 '읽어서' 아는 게 아니라 글자와 엄마 말을 매칭해 외워서 하는 것 같다고 합니다. 큰 변화는 없지만 조금씩 나아지고 있으며 건강하게 잘 지내고 있다 했습니다.

그리고 작년에 드디어 우리가 그토록 바라던 일이 일어났습니다. 그동안 예지의 글 읽는 속도가 훨씬 빨라졌고, 더 기쁜 건 책을 읽어주면 가만히 듣고 있다가 그림을 그려내는데 엄마가 봐도 감정을 터치하는 그림이라 출판 쪽 전문가에게 보여주었더니 책의 내용을 압축적으로 표현하는, 대단히 창의적이고 신선한 감각이 느껴진다면서 소개해달라고 했다는 겁니다. 계속 서투르게 글을 읽는다면 '난독인의 장점'이라도 발현되기를 간절히 바랐는데 그중 하나인 '글자 너머 행간을 읽는 능력'이 마침내 예지에게서 발현된 것입니다. 어머님은 아이가 아직 나이도 어리고 이제 능력이 꽃피는 것 같으니 당장의 결과보다는 천천히 능력을 갈고닦도록 도와줄 생각이라고 합니다. 10년을 기다렸는데 몇 년 정도야 우습다면서요.

예지 어머님은 회심부모 중에서도 '외형적' 결과를 보기까지 가장 오래 걸린 분입니다. 물론 내적 결실인 마음의 평화, 그리고 집안의 평화는 일찌감치 찾았지만요. 부모가 노력하는데도 아이에게 뚜렷한 결과가 나타나지 않으면 막막하기 그지없습니다. 하지만 우리가 잠시 낙담하고 있을 때도 아이는 성장하기를 멈추지 않는다는 것을 예지를 통해 새삼 확인합니다. 대나무 같은 아이가 있습니다. 대나무는 좀처럼 크지 않다가 4년이 지나면 90일 만에 갑자기 2미터로 자란다고 하네요. 우리 부모가 별로 달가워하지 않을 나무일 수 있지만 '내 자식'이 대나무라면 소나무를 바라서는 안 되겠지요. '대나무'를 마침내 키워낸 건 예지 어머님의 지혜롭고 너른 사랑이었습니다.

"아이 때문에 느끼는 불안이 내가 살아 있다는 증거였습니다"
_별이 어머님 이야기

별이 어머님은 남편의 폭력과 외도로 이혼했습니다. 그 스트레스로 아이를 어릴 때부터 때리거나 강박적 수준으로 엄격하게 키워, 아이가 엄마 눈을 마주치지 않고 구석진 곳으로 피하는 등의 행동을 보였지만 문제라고 인지하지 못했습니다. 그러던 중 유방암에 걸려 일을 못하게 되고 심한 우울증까지 겹쳐 아홉 살 된 아이를 전남편에게 보냈습니다. 그때는 아이를 보낸 후 죽겠다는 생각뿐이었고 번듯한 직장에 다니는 남편에게 보내면 아이가 먹고사는 데 걱정은 없으리라 생각했다고 합니다.

아버지는 물질적으로는 지원했지만 아이의 이상한 행동을 보고도 병원에 데려가지 않고 자기 손으로 고쳐보겠다면서 공부를 강요하고 자기 말을 듣지 않으면 체벌했습니다. 이후 아버지가 재혼하면서 친할머니에게 맡겨졌지만 '바보 같은 놈'이라는 소리를 들으며 하루가 멀다 하고 구박받는 등 상황은 조금도 나아지지 않았습니다. 그러던 중 할머니가 돌아가시자 장례식장에서 아버지도 죽어야 한다고 유리창을 깨는 아이를 보고 시동생이 별이 어머님을 찾아 연락했습니다.

어머님은 즉각 별이를 데려왔고 보자마자 정상이 아니라는 것을 알아 바로 정신과에 데려갔습니다. 자폐증, 정확하게는 아스퍼거 증후군(지금은 자폐스펙트럼 장애) 진단을 받고 즉각 약물 치료를 시작했습니다. 이때 별이는 중학교 3학년이었는데 그동안 학교에서 또래에게 받은 수모는 이루 말할 수 없었고 그 아이들에게 맞서고자 칼을 갖고 다니다가 발각되는 등 한마디로 '총체적 난국'이었습니다.

별이 어머님은 상담을 받기도 전에, 다시 아이를 만나자마자 즉각 회심했습니다. 속세와 인연을 끊고 차마 죽지 못해 근근이 살아오면서 자신이 세상에서 제일 불쌍한 사람이라고 생각해왔는데 세상에나, 잘 살고 있을 거라 믿었던 아들이 큰 수렁에 빠져 있었으니 충격과 회한

등 온갖 감정이 밀려왔고 무엇보다 정신이 번쩍 들었다고 합니다. 결혼 전의 당차고 의연한 모습으로 돌아가 자신이 무엇을 해야 할지 생각했고 즉각 실행했습니다. 첫째, 정신과에 간다. 둘째, 아이의 생활을 안정시킨다. 셋째, 교사를 찾아간다. 이런 식으로 계획을 잡아 하나씩 상황을 정리해나갔습니다.

다행히도 별이가 주치의를 좋아해 치료 순응도가 좋았고 예전과 달리 하루 세끼 따뜻한 밥 먹고 깨끗한 옷 입고 푹신한 이불에서 자는 것만으로도 상당히 안정되었다고 합니다. 여기까지 이르고 나서 어머님이 아이와 함께 저를 찾아왔습니다. 사실 별이 어머님은 제 중학교 동창으로 제가 정신과에 근무한다는 소식을 듣고 조언이라도 받고 싶다며 찾아온 것이었지요. 그날 제 앞에서 '스타게이트, 블랙홀, 지구 종말' 이야기만 계속하는 아이를 보며 제 친구였던 어머니에게 최대한 담담한 표정을 지으려 했던 것을 친구가 눈치챘는지 모르겠습니다. 다니던 병원에서 실시한 심리검사 보고서에 대한 세부적인 해석을 듣고 싶다고 말은 했지만 일말의 희망적인 이야기라도 듣고 싶어서 왔을 게 분명한데도 기대에 부응할 만한 말을 해줄 수 없어 마음이 아팠습니다. 충격받고 힘들었을 텐데 그동안 참 잘 대처했다, 별이 지능이 높은 게 놀랍고 대단하다, 하지만 마음은 다섯 살 정도이니 다시 아기를 키운다는 마음으로 키워보자 정도의 말만 해주자 어머님의 눈빛이 잠시 흔들렸지만 이내 평정심을 찾는 것을 보고 마음이 단단히 여물었음을 알 수 있었습니다.

비록 생활은 안정되었지만 여전히 엄마와 가까이 있으려 하지 않는 아이가 엄마를 신뢰하게 된 것은, 학기 초에 찾아가 아이의 증상을 밝히고 배려해주기를 부탁했음에도 교사가 아이를 체벌한 사실을 알게 된 후 교무실로 쳐들어가 교사가 아이에게 사과하도록 했던 일이 계기가 되었습니다. 별이 인생에서 처음으로 세상 사람들이 자신에게 미안하다, 잘못했다 말하는 걸 보고 엄마가 자신을 보호해주리라 믿게 된 것이지요.

어머님은 별이의 높은 지능과 중국어 능력을 활용해 전문대 중국어학과에 보냈고, 놀랍게도 별이는 1학기 중간고사에서 과 수석을 할 정도로 공부를 잘해서 계속 장학금을 받았습니다. 이후 별이는 4년제 대학에 편입하고 중국어 통역 자격증도 준비해, 지금은 번역하면서 사촌 형의 중국 사업도 지원하고 다양한 미디어에 방영되는 프로그램의 스토리보드를 작업하는 등 프리랜서로 잘 지내고 있습니다. 자폐 증상으로 감정을 소통하는 데 서툴다 보니 대인관계가 협소하고 연애도 잘 풀리지 않지만, 보통 청년들이 고민하고 시행착오를 겪을 만큼 방황하는 정도일 뿐입니다. 오히려 보통 사람보다 훨씬 따뜻한 감성을 드러낼 때가 있어서 주변을 놀라게 하기도 한답니다. 사촌 형에게는 "엄마가 늙어서 장사를 못하면 내가 엄마를 모셔야 할 텐데 어떻게 하지?" 라며 고민을 털어놓았다고 하네요.

별이와 어머님에 대한 기적 같은 이야기는 《하루 3시간 엄마 냄새》에도 자세히 언급했으니 되풀이하지는 않겠습니다. 이런 외부적 성과도 참 놀랍지만 진짜 놀라운 점은 별이가 정신과 약물 치료를 받은 것은 1년이 채 안 된다는 사실입니다. 이후에는 두세 달에 한 번씩 점검차 내원했을 뿐이고 전문대에 진학한 후에는 아예 병원에 갈 필요도 없었습니다. 신체검사 제출용 진단서를 받으러 갈 때 한 번 갔을 뿐이지요. 어머님은 처음에는 치료비가 엄청 나올까 봐 걱정이 태산 같았는데 병원에서 쓴 돈이 거의 없고 오히려 검도 및 중국어 학원비, 식비가 더 들었다고 했습니다. 아이가 식탐이 많았는데 어머님이 요리까지 잘해서 1년이 안 되어 얼굴에 살이 뽀얗게 차올랐다고 하네요. 약물 치료도 친구들이 못살게 구니 공격성과 충동성이 증가해 받았던 것이지, 고등학교에 진학한 후에는 친구들이 각자 공부에 바빠 별이에게는 물론이고 서로에게 관심이 없자 별이는 오히려 숨통이 트였고 자연스럽게 공격성도 없어졌습니다. 별이가 체격이 좋고 인상을 찌푸리고 있으니 '무서운 아이니 건드리지 말라'는 소문은 있었다고 합니다. 저나 주치의 선생님이 "스타게이트 같은 말을 굳이 친구들에게 할 필요는 없겠는데?"라고 주의 주었던 것을 잘 지키기도 했고요.

도대체 어떻게 이런 기적 같은 일이 일어났는지 지금도 믿기가 힘듭니다. 부모의 잘못이나 사춘기 영향으로 잠시 마음의 벽을 친 아이에게 부모의 회심이 효과가 있다는 건 강력하게 믿고 있었지만 자폐증

같이 뇌의 문제로 세상에 벽을 치고 있을 때도 효과가 있을지는 확신할 수 없었거든요. 회심의 영향도 어느 정도지 이렇게 무한대의 힘을 발휘하지는 못할 거라고 생각했습니다. 하지만 별이의 사례는 저의 예상을 보기 좋게 빗나갔습니다. 엄마가 아이에게 '안전지대'가 되어주었던 것, 그것도 아주 강력하게, 학교에 쳐들어가 잘못한 교사를 무릎 꿇릴 정도로 엄청난 안전지대가 되어주었기 때문입니다. 그리고 '안전성'과 '일관성'을 제공했기 때문입니다. 제때 밥 먹고 학교와 학원에 가고 놀도록 규칙적으로 생활을 지도했습니다. 이런 기본 조건이 마련되자 막혀 있던 아이의 선천적인 발달력과 성장력이 비로소 발휘되었던 것입니다. 별이 어머님은 이렇게 표현했습니다. "모든 아이는 타고난 빛이 있는 것 같아. 나는 이 아이가 다시 빛나도록 도와주었을 뿐이야." 참으로 맞는 말씀입니다.

자폐증을 가진 사람들이 겉으로 보기에는 감정이 없어 보이니 상처도 받지 않을 것이라고, 즉 상처받을 감정조차 없을 것이라고 생각해 그들의 내면을 감싸주는 일을 소홀히 할 수 있습니다. 하지만 별이의 사례를 보면 힘들었던 것, 상처받았던 것, 불안했던 것의 흔적이 고스란히 남아 있음을 알 수 있습니다. 비록 본인이 감정적으로 힘들다고 하지는 않았지만 여러 가지 부적응적 행동의 이면에는 말로 표현할 수 없는 심한 고통과 어떻게 살아야 할지 모르겠다는 엄청난 불안이 잠재해 있었지요. 엄마가 안전하고 일관되게 삶을 정리하고 보호하면서 그

흔적을 하나씩 지워주자 마침내 활짝 꽃을 피워냈습니다.

별이 어머님은 '회심 루틴'을 제대로 지키지도 않았습니다. 아이에게 정식으로 사과하지 않았거든요. 준비는 했습니다. 잔뜩 준비해서 날을 잡아 "있잖아, 엄마가 너 어렸을 때 방치해서 미안해"라는 말을 시작으로 본격적으로 사과하려 했는데, 별이가 "응!" 하더니 방으로 쏙 들어가 게임을 하더라는군요. 너무 멋쩍어서 이후에는 다시 사과할 엄두도 나지 않았답니다. 자폐증은 부모가 '말'로 사과하지 않아도 되는 유일한 경우가 아닌가 싶습니다. 그래도 사과해야지요. 속으로라도 '미안해, 고마워, 사랑해'라고 말하라고 시켰습니다. 어머님이 진짜 거짓말 안 보태고 하루에 백번도 더 말했고 그 이후 확실히 아이가 자신을 편하게 대한다고 했습니다.

별이 어머님의 회심 이야기는 어떨까요? "아이를 아빠에게 보낸 후 난 죽은 거나 다름없었어. 마음이 돌처럼 굳어 아무 감정도 느낄 수 없었지. 코미디를 봐도 웃기지 않고 슬픈 영화를 봐도 눈물이 나지 않았어. 하지만 얘와 다시 만난 후에는 전화벨만 울려도 무슨 일이 생겼을까 봐 심장이 덜컥 내려앉았고 학교에 쳐들어갔을 때는 심장이 너무 쿵쾅거려 약을 먹어야 했지. 대학교에 입학했을 때는 일주일 내내 통곡했어. 예전에는 불안을 악마 보듯 했는데 지금은 아이 때문에 불안할 때마다 오히려 내가 살아 있음을 느껴. 청심환을 먹어서라도 그 불안을 넘어 아이를 보호하고 문제를 하나씩 해결할 때마다 희열을 경험해. 삶의 목표가 생겼으니 이게 살아 있는 거겠지. 별이가 오히려 나를 살렸어."

별이 어머님의 상황은 일반적이지 않습니다. 파란만장했던 사연은 둘째 치고 '결사 항전'의 용기로 자신을 극복하고 아이까지 살려낸 이 분처럼 모든 부모가 똑같이 할 수는 없을 테니까요. 하지만 '부모 회심의 한계는 어디까지일까?' 생각해보면서 오늘도 한 걸음 내디디며 '큰 별'로 삼아볼 수는 있지 않을까요? 힘들고 포기하고 싶고 화가 나고 무력해질 때마다 별이 어머님을 떠올리며 힘을 내보시면 좋겠습니다.

아이를 돌보며 부모의 삶도 복구된다

수년에 걸쳐 직접 아이들이 성장하고 회복하는 과정을 지켜보고 또 부모님께 전해들은 것을 요약해 다시 쓰려니 한계가 느껴집니다. 1부에서 회심부모 모두 자신만의 심리적 문제를 갖고 있었으며 그 때문에 초심을 잃은 경우가 대부분이지만 어떻게 자신의 힘듦에도 불구하고 초심으로 돌아갈 수 있었는지 확인해보시라고 했지요? 이제 말씀드리자면, 이분들은 그저 삶의 태도를 하나 바꿨을 뿐입니다. 자신이 아주 큰 것을 갖고 있었음을, 더 나빠질 수도 있었는데 그나마 여기서 멈춘 것임을 **각성**하고 **감사**했습니다. 진심으로 감사하게 되면 절망스러운 기분이 가라앉고 안도감을 느끼기 시작하는데 이는 부모가 마음을 추스르는 데 큰 동력이 되었을 것입니다.

그렇다 해도 어떻게 예전으로 다시 돌아가지 않았을까요? 우선 마음 아픈 말이지만, 충격과 상처를 통해 감사에 이르면 절대 예전으로 돌아가지 않습니다. 거기에 이르기까지 너무 힘들고 두렵고 외로웠기 때문에 두 번 다시 그때 그 감정을 경험하지 않겠다고 다짐하게 되지요.

보다 핵심은 부모님이 그 긴 사막을 건너면서 아이가 회복되는 것은 물론이고 자신의 삶까지 복구되는 것을 경험하기 때문입니다. 영민이 아버님은 회사에서 받는 스트레스로 예전처럼 가슴이 짓눌리지 않게 되었습니다. 말로는 자신이 부성애가 없다고 했지만 아이가 가출한 후 부부가 제대로 먹지도 자지도 못하니 '우리는 쓰러져 죽고 재는 밖에서 돌아다니다가 맞아 죽을 것'이라는 극심한 두려움에 사로잡힌 적이 한두 번이 아니었다고 했습니다. 그런 고강도의 불안으로 영민이 문제에 집중하다 보니 회사에서 받는 스트레스는 '죽고 사는 문제'가 아니었기에 언젠가부터 담담하게 회사 생활을 할 수 있었고, 이는 평생 자신이 바라던 것이었다고 하시더군요.

명우 어머님은 명우 때문에 회사를 그만두고 나서야 자신이 혼자 있는 것을 편안해하고 책 읽기를 좋아하는 상당히 내성적인 사람이라는 걸 깨달았다고 합니다. 입사한 지 3일 만에 그만둬야겠다고 생각했던 일도 기억나면서, 타인의 선망하는 눈길을 만끽하는 허세와 자존심으로 살아온 '왕오버쟁이'였는데 이런 생활이 강제적으로 종료되어 오히려 축복이었다고 말했습니다. 더 버텼으면 필시 병이 났을 거라면서 '참된 나'를 찾은 것 같다는 말도 덧붙였지요.

예지 어머님의 경우는 유쾌하기도 합니다. 집안 사람들이 다 교수인데 자기만 그에 미치지 못해 자신의 결점이나 허점을 드러내지 않으려고 완벽주의적이고 방어적인 모습을 갖게 되었는데, '난독증 아이의 부모'라는 아주 '큰 구멍'이 생겨버리고 그걸 공개하고 나자, '방어 병'이 싹 사라졌다고 합니다. 이혼 직전까지 갈 정도로 자신과 가족을 힘들게 했던 진절머리 나는 히스테리와 노이로제가 증발했다면서 예지 덕분에 공짜로 치료했다고, 이제 건강염려증만 고치면 된다며 깔깔 웃었습니다.

마지막으로 별이 어머님은 자식 때문에 애타는 마음마저 자신이 살아 있는 증거라고 하면서 별이가 자신의 구명줄이라고 했고요.

2부에서 '두려우면 화가 난다'고 했지요? 자식이 잘못되면 부모는 두렵습니다. 삶의 지축이 흔들리며 자신이 갖은 고생으로 수성해온 터전이 무너질 것 같은 불안이 엄습하지요. 그렇다 보니 자식의 일탈적 언행을 받아주지 못하고 일단 화부터 냅니다. 둑을 무너뜨려 집을 홍수에 떠내려가게 만든 원인 제공자인 게 분명해 보이니까요. 하지만 홍수는 둑이 무너지는 것만으로 일어나지 않습니다. 애당초 비가 많이 내린 것이 더 큰 원인이지요. 사실은 자식이 일탈하기 전에 우리 부모에게 먼저 삶의 균열이 있지는 않았을까요? 부모의 욕망이나 스트레스 또는 심리적 문제가 초심을 흐리게 한다고 했지만, 가장 큰 원인은 스트레스입니다. 그런 스트레스를 받다 보니 조금씩 냉랭해지고 고집부리게 되며 심지어 난폭해지거나 사는 데 필수적인 것을 제공하지 못했을 수도 있습니다. 그렇게 집안에 '온기'가 사라지니 가장 약한 아이가 혼란과 충격을 온몸으로 받게 되면서 문제 행동으로 나타났을 수 있다는 것입니다. 그런데 회심부모의 이야기는 등 떠밀려(?) 아이 문제를 해결하다가 부모의 삶까지 복구됨을 보여줍니다. 그러니 아이가 잘못되면 '그동안 내가 잘 살고 있었나? 아이와 별개로 나 자신은 행복한가? 엉뚱한 곳에 힘을 쏟고 있지 않나?' 이렇게 삶을 다시 들여다볼 수도 있겠다 싶습니다. 아이는 우리의 모습 다는 아니더라도 일부분을 반영하는 거울이니까요. 죄책감을 가지라는 말이 절대 아닙니다. 오히려 죄책감에 사로잡히지 말고 지금이라도 자신이 진정으로 원하는 삶이 어떤 것이었는지 들여다보시라는 말입니다.

사례 중 아이가 갑자기 방황을 멈추고 공부에 정진해 명문대에 갔다든지 자폐증이나 난독증 같은 증상이 갑자기 사라졌다든지 하는 소설 같은 이야기는 하나도 없습니다. 그런 걸 바라고 책을 읽었다면 실망했을지도 모릅니다. 하지만 이 아이들은 자칫 완전히 꺾여버렸을지도 모를 자신의 생명 꽃을 여한 없이 피워냈습니다. 그것만큼 큰 기적은 없다는 것을 지금 마음고생하는 부모라면 다 아실 것입니다. 설사 소설 같은 일들이 일어났다 해도 이토록 평화롭고 행복하게, 비록 잠시는 상처받았지만 결국에는 어느 한 사람 마음 다치지 않고 온전한 회복에 이르렀을지는 모르겠습니다. 부모가 먼저 바뀌고 아이가 부모를 다시 신뢰하게 되었기에 가능했던 일이라고 생각합니다.

자식이 잘못되면 충격과 혼란의 모래가 겹겹이 쌓여 있는 사막에 놓입니다. 하지만 그 사막을 온 힘을 다해 걷다 보면 기적의 생명수 같은 오아시스를 만납니다. 사례의 부모님들이 처음 제게 왔을 때의 표정을 아직도 잊지 못합니다. 정신 나간 사람처럼 눈과 턱이 풀리고 눈물범벅에, 자기 팔을 감싸고 덜덜 떨며 불안해하며 두려움으로 동공이 커진 모습이었지요. 하지만 회심하는 순간 어쩌면 그렇게 다들 눈에서 고요하고 청아하면서도 평화롭고 광휘로운 빛이 나는지 말로 다 표현할 수 없습니다. 지금도 상담 오신 부모님에게서 이런 눈빛을 보면 속으로 '됐다, 이 댁 아이는 이제 살길을 찾겠다' 확신하게 됩니다.

초심으로 돌아가 아이를 살리고 부모 자신의 오아시스도 찾는 기적 같은 일들이 결코 '특별한' 사람의 집에서만 일어나는 일이 아님을, 지금 아이 때문에 힘들어하는 부모님들이 꼭 아셨으면 좋겠습니다.

초심으로 다시 점 찍고 새롭게 띄어쓰기해보세요

모든 사람이 자유롭게 책을 볼 수 있게 된 일등공신으로 흔히 활자 기술의 발달을 꼽지만, 띄어쓰기와 구두점의 사용도 가히 혁명적인 사건이었다고 합니다. 그전에는 책을 갖고 있다 해도 문자만 빼곡하게 적혀 있어 이해하기 힘들었기 때문에 스스로 독서할 엄두를 내지 못했다고 하네요. 대단찮아 보이는 '띄어쓰기'와 점 찍는 발상 하나로 이전과 완전히 다른 세상이 펼쳐진 것이지요.

육아도 부모 마음의 어디에 띄어쓰기하고 점을 찍는지에 따라 판이 달라집니다. 막내가 막 대학교를 졸업한 지금, 지난 양육의 시간을 돌아보니 그간 겪었던 무수한 사건과 감정이 주마등처럼 스쳐갑니다. 그 와중에 가장 선명하게 도드라지는 아쉬움은 왜 그토록 사소한 것에 흥분하고 신경 쓰며 걱정하느라 '사랑만 하기에도 부족한' 시간을 야금 야금 갉아먹었던가 하는 것입니다. 하지만 이런 생각과 감정은 사실 그 과정을 지내봤으니까 비로소 알고 인정할 수 있지, 지금 한창 그 과정 '중'에 동동거리고 있을 때는 와닿기 힘들 것입니다. 저도 당시에는 주변에서 아무리 지혜롭고 좋은 말을 해주어도 들리지 않았거든요.

그 간극을 조금이라도 좁혀 부모님들이 인생에서 다시 오지 않을, 가장 행복하고 빛나며 가치 있는 시간을 지금 보내는 중임을 알고 온전히 누리길 바라는 마음으로 이 책을 썼습니다. '초심'으로 육아에 다시 점을 찍고 새롭게 띄어쓰기해보시기 바랍니다. 아이와 삶을 바라보는 시각이 달라져 한결 여유 있게 육아를 할 수 있으리라 확신합니다. 오늘 하루도 노심초사하며 분주했을 모든 부모님의 건강과 평화를 기원합니다.

계획하에 진행된 일은 아니지만 2013년에 첫 책《하루 3시간 엄마 냄새》를 쓴 지 꼭 10년 만에 고향 같은 김영사에서 또 한 권의 육아서를 냅니다. 흔치 않은 기회를 주시고 귀한 인연을 지속해준 고세규 사장님께 무한한 감사를 드리고 큰 위로를 받습니다. 부족한 글을 정성 어린 손길로 다듬어 멋진 책으로 만들어주신 편집부 선생님들께도 이 자리를 빌려 머리 숙여 감사드립니다.

2023. 4.
이현수

초심육아